国家级重点技工学校推荐教材

U0292905

识图基础

主　编　郑永佳
副主编　杨耕新

HEUP 哈尔滨工程大学出版社

内 容 简 介

本书采用制图及其相关的最新国家标准和行业标准,按照学生的认识规律安排内容,列举生产中的实例,注重对学生识图能力和职业行为习惯的培养,提供多元化的学习资源,创设工作过程系统化的学习情境,突出教与学的结合,便于教学工作的开展。

图书在版编目(CIP)数据

识图基础/郑永佳主编. —哈尔滨:哈尔滨
工程大学出版社,2015.4
ISBN 978 - 7 - 5661 - 0945 - 3

Ⅰ.①识…　Ⅱ.①郑…　Ⅲ.①机械图 - 识别　Ⅳ.
①TH126.1

中国版本图书馆 CIP 数据核字(2015)第 065764 号

出版发行	哈尔滨工程大学出版社
社　　址	哈尔滨市南岗区东大直街 124 号
邮政编码	150001
发行电话	0451 – 82519328
传　　真	0451 – 82519699
经　　销	新华书店
印　　刷	黑龙江省地质测绘印制中心
开　　本	787mm × 1 092mm　1/16
印　　张	13.75
字　　数	362 千字
版　　次	2015 年 4 月第 1 版
印　　次	2015 年 4 月第 1 次印刷
定　　价	29.00 元

http://www.hrbeupress.com
E-mail:heupress@ hrbeu.edu.cn

教材编写委员会

总　　编：殷先海

副总编：郑永佳

编委会成员：殷先海　冉凯峰　李康宁　吴周杰

　　　　　　郑永佳　赵汝荣　丁训康　朱继东

　　　　　　张　铭　李　斌

教材审定行业专家委员会

刘新华　龚利华　王力争　陈昌友　陈凤双

李骁峯　陈景毅　杜逸明　赵汝荣　丁巧银

董三国　朱伯华　刘汉军　朱明华

前　言

本书是以教育部 2009 年颁布的《中等职业学校机械制图教学大纲》为依据,针对中职学生的心理特点和认知规律,适应职业教育特色和教学模式需要而编写的。

本书的编写以"简明实用"为编写宗旨,以"识图为主"为编写思路,采用"以例代理"的编写风格和"零装结合"的结构体系。努力做到:基本理论以应用为目的,以必需和够用为原则;对于后续课程要讲授的基本知识,如技术要求、合理标注尺寸等内容,采取广而不深、点到为止的叙述方法;基本技能不要狭义理解为绘图基本功,而应该以培养识图能力为重点,并贯穿始终。

识图基础是中等职业学校工程技术类各专业必修的一门基础课程,学习本课程的目的是培养学生掌握正确识读和表达机械图样的能力,为今后职业生涯的发展奠定基础。为此,本书力求体现以下特点:

1. 通俗易懂、图文并茂　本书文字叙述简明扼要,深入浅出,贴近中职学生的年龄特征。对于一些绘图时易犯的错误,列出正误对比图例;对比较复杂的形体采用分解图示的方式,并附加立体图帮助理解;通过举例阐明概念,将基础理论融入大量实例中。多年的教学实践证明,这种"以例代理"的编写风格对于中等职业教育是恰当而有效的。

2. 淡化理论、简明实用　画法几何是本课程的理论基础,也是中职学生学习本课程的障碍。本书尝试舍弃如点、直线、平面的投影作图等并无实用价值的内容,将投影理论与图示应用相结合,强化工程素质教育,以培养技能为教学重点。

3. 精讲多练、师生互动　"做中学、做中教"是职业教育的创新理念。本书尝试将基本概念融入大量实例之中,每章配备习题,在教师的启发引导下,以课堂练习的形式,边讲边练,边做边学,由一个知识点扩大思维空间,培养举一反三、多向思维的能力和自主学习的习惯。

本书由郑永佳主编,参加编写工作的人员有杨耕新、康双琦。本书由江苏海事职业技术学院谢荣教授主审,谢教授在审阅过程中,提出了很好的修改意见和建议,在此表示衷心感谢。欢迎选用本教材的师生和广大读者提出宝贵意见,以便下次修订时调整与改进,谢谢。

编　者
2014 年 10 月

目　　录

第一章 识图的基本知识与技能

知识目标

1. 了解工程识图对图幅、比例、图线、字体、图样画法、尺寸注法等方面的基本规定。
2. 了解绘图工具和绘图仪器的使用方法,掌握尺规绘图的步骤和方法。
3. 掌握正多边形、斜度、锥度、圆弧连接图画法。

能力目标

1. 能正确使用绘图工具熟练绘制几何图形。
2. 能正确进行线段分析、尺寸分析,熟练绘制平面图。

工程图样是现代工业制造过程中的重要技术文件之一,用来指导生产和进行技术交流且具有严格的规范性。掌握制图的基础知识,可为以后看图、绘图打好坚实的基础。为了正确地绘制和阅读机械图样,必须了解有关机械制图的规定。国家颁布的《技术制图》和《机械制图》标准是工程制图重要的技术基础标准,国家标准对有关内容做出了规定,如图纸规格,图样常用的比例,图线及其含义,图样中常用的数字、字母等。

第一节 手工绘图工具、仪器及用品

图样绘制的质量好坏与速度快慢取决于绘图工具和仪器的质量,同时也取决于其能否被正确使用。因此,要能够正确挑选绘图工具、仪器,并养成正确使用和经常维护、保养绘图工具和仪器的良好习惯。下面介绍几种常用的绘图工具和仪器、用品以及它们的使用方法。

一、图板、丁字尺、三角板

1. 图板

图板是用来铺放和固定图纸的。板面要求平整光滑,图板四周一般都镶有硬木边框,图板的左边是工作边,称为导边,需要保持其平直光滑。使用时,要防止图板受潮、受热。图纸要铺放在图板的左下部,用胶带纸粘住四角,并使图纸下方至少留有一个丁字尺宽度的空间,如图 1 - 1 所示。

图板大小有多种规格,它的选择一般应与绘图纸张的尺寸相适应,与同号图纸相比每边加长 50 mm。常用的图板尺寸规格见表 1 - 1。

2. 丁字尺

丁字尺主要用于画水平线,它由互相垂直并连接牢固的尺头和尺身两部分组成,尺身沿长度方向带有刻度的侧边为工作边。绘图时,要使尺头紧靠图板左边,并沿其上下滑动到需要画线的位置,同时使笔尖紧靠尺身,笔杆略向右倾斜,即可从左向右匀速画出水平线。应注意:尺头不能紧靠图板的其他边缘滑动画线;丁字尺不用时应悬挂起来(尺身末端有小圆孔),以免尺身翘起变形,如图1-1所示。

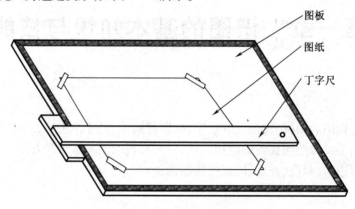

图1-1 图板及丁字尺

3.三角板

三角板由45°和30°(60°)各一块组成一副,规格用长度 L 表示,常用的大三角板有20 cm,25 cm,30 cm。它主要用于配合丁字尺画垂直线与倾斜线。画垂直线时,应使丁字尺尺头紧靠图板工作边,三角板一边紧靠住丁字尺的尺身,然后用左手按住丁字尺和三角板,且应靠在三角板的左边自下而上画线。画30°,45°,60°倾斜线时均需丁字尺与一块三角板配合使用,当画其他15°整数倍角的各种倾斜线时,需丁字尺和两块三角板配合使用画出,如图1-2(a)所示。同时,两块三角板配合使用,还可以画出已知直线的平行线或垂直线,如图1-2(b)所示。

表1-1 图板尺寸规格　　　　　　　　　　　　单位:mm

图板尺寸规格代号	A0	A1	A2	A3
图板尺寸(宽×长)	920×1220	610×920	460×610	305×460

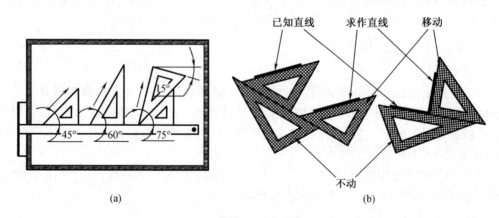

(a)　　　　　　　　　　　　　　　　　　　(b)

图1-2 三角板和丁字尺的配合使用

(a)丁字尺和两块三角板配合使用;(b)两块三角板配合使用

二、比例尺

比例尺是用来按一定比例量取长度时的专用量尺,可放大或缩小尺寸,如图1-3所示。常用的比例尺有两种:一种外形成三棱柱体,上有六种(1∶100,1∶200,1∶300,1∶400,1∶500,1∶600)不同的比例,称为三棱尺;另一种外形像直尺,上有三种不同的比例,称为比例直尺。画图时可按所需比例,用尺上标注的刻度直接量取而不需换算。如按1∶100比例,画出实际长度为3 m的图线,可在比例尺上找到1∶100的刻度一边,直接量取相应刻度即可,这时,图上画出的长度是30 mm。

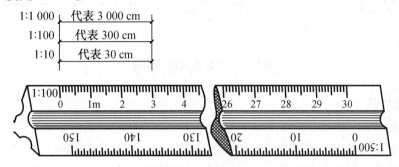

图1-3　比例尺

三、圆规和分规

圆规主要是用来画圆及圆弧的。一般较完整的圆规应附有铅芯插腿、钢针插腿、直线笔插腿和延伸杆等,如图1-4(a)所示。在画图时,应使用钢针具有台阶的一端,并将其固定在圆心上,这样可不使圆心扩大,还应使铅芯尖与针尖大致等长。在一般情况下画圆或圆弧时,应使圆规按顺时针转动,并稍向前方倾斜。在画较大圆或圆弧时,应使圆规的两条腿都垂直于纸面,如图1-4(b)所示。在画大圆时,还应接上延伸杆,如图1-4(c)所示。

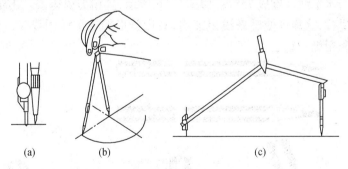

图1-4　圆规的用法

分规主要是用来量取线段长度和等分线段的。其形状与圆规相似,但两腿都是钢针。为了能准确地量取尺寸,分规的两针尖应保持尖锐,使用时,两针尖应调整到平齐,即当分规两腿合拢后,两针尖必聚于一点,如图1-5(a)所示。

等分线段时,通常用试分法,逐渐地使分规两针尖调到所需距离。然后在图纸上使两针尖沿要等分的线段依次摆动前进,如图1-5(b)所示,弹簧分规用于精确地截取距离。

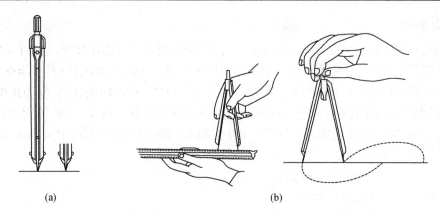

(a)   (b)

图 1 – 5　分规及其使用方法

四、绘图用品

1. 绘图纸

绘图时要选用专用的绘图纸。专用绘图纸的纸质应坚实、纸面洁白,且符合国家标准规定的幅面尺寸。图纸有正反面之分,绘图前可用橡皮擦拭来检验其正反面,擦拭起毛严重的一面为反面。

2. 铅笔

铅笔是用来画图线或写字的。铅笔的铅芯有软硬之分,铅笔上标注的"H"表示铅芯的硬度,"B"表示铅芯的软度,"HB"表示软硬适中,"B","H"前的数字越大表示铅笔越软或越硬,6H 和 6B 分别为最硬和最软的。

画工程图时,应使用较硬的铅笔打底稿,如 3H,2H 等,用 HB 铅笔写字,用 B 或 2B 铅笔加深图线。铅笔通常削成锥形或铲形,笔芯露出约 6 ~ 8 mm。画图时应使铅笔略向运动方向倾斜,并使之与水平线大致成 75°角,如图 1 – 6 所示,且用力要得当。用锥形铅笔画直线时,要适当转动笔杆,这样可使整条线粗细均匀;用铲形铅笔加深图线时,可削的与线宽一致,以使所画线条粗细一致。

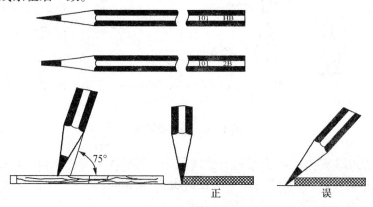

图 1 – 6　铅笔的使用

3. 曲线板和机械模板

曲线板是用来画非圆曲线的工具。曲线板的使用方法是首先求得曲线上若干点,再徒手用铅笔过各点轻轻勾画出曲线,然后将曲线板靠上,在曲线板边缘上选择一段至少能经过曲线上3～4个点,沿曲线板边缘画出此段曲线,再移动曲线板,自前段接画曲线,如此延续下去,即可画完整段曲线。

机械模板主要用来画各种机械标准图例和常用符号,如形位公差项目符号、粗糙度符号、斜度、锥度符号、箭头等。模板上刻有用以画出各种不同图例或符号的孔。其大小符合一定的比例,只要用铅笔在孔内画一周,图例就画出来了。使用机械模板,可提高画图的速度和质量。

4. 其他绘图用品

除上述用品外,绘图时还需要小刀(或刀片)、绘图橡皮、胶带纸、量角器、砂纸及软毛刷等。

5. 机械式绘图机

机械式绘图机使用方便,绘图效率高,对绘制复杂图形,其工作效率更加显著。它的图板高度、方向和倾斜角度可以调整,其上的相关机构可代替三角板、丁字尺、量角器等绘图工具,如图1-7所示。

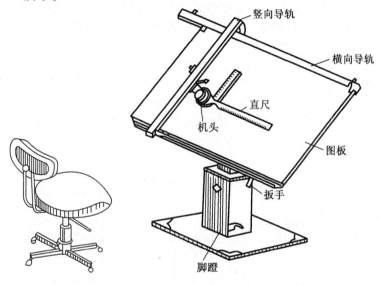

图1-7　机械式绘图机

第二节　制图的基本规定

机械图样是现代设计和制造机械零件与设备过程中的重要技术文件,为便于生产、管理和进行技术交流,国家质量技术监督局(原国家标准局)依据国际标准化组织制定的国际标准,制定并颁布了《技术制图》《机械制图》等一系列国家标准,其中对于图样内容、画法、尺寸标注法等都做出了统一规范。《技术制图》国家标准是一项基础技术标准,在内容上具有统一性和通用性的特点,它涵盖了机械、建筑、水利、电气等行业,代表制图标准体系中的最高层次。《机械制图》国家标准,则是机械类的专业制图标准。这两个国家标准,是机械图样绘制和使用的准则,生产和设计部门的工作人员都必须严格遵守,并牢固树立标准化的观念。

国家标准中的每一个标准都有标准代号,如 GB/T 4457.4—2002,其中"GB"为国家标准代号,它是"国家标准"汉语拼音缩写,简称"国标","T"表示推荐性标准(如果不带"T",则表示为国家强制性的标准),"4457.4"表示该标准编号,"2002"表示该标准是 2002 年颁布的,以前有用两位数表示的,如 GB/T 14689—93。

本节摘录了上述两方面标准中对制图的图纸幅面、比例、图线、尺寸标注等部分的基本规定。

一、图纸幅面和图框格式(GB/T 14689—1993,等效采用 ISO 5457)

1. 图纸幅面

图纸幅面是指图纸宽度与长度组成的大小。为了方便图样的绘制、使用和管理,图样均应绘制在标准的图纸幅面上。应优先选用表 1-2 所规定的基本幅面尺寸(B 为图纸短边,L 为长边,而且 $L = \sqrt{2}B$,有(A0,A1,A2,A3,A4 五种常用幅面),如图 1-8 所示。必要时长边可以加长,以利于图纸的折叠和保管,但加长的尺寸必须按照国标 GB/T 50001—2001 的规定,由基本幅面的短边成整数倍增加得到,短边不得加长,如图 1-9。从图 1-9 中可以看出,A0 幅面对裁得到 A1 幅面,A1 幅面对裁得到 A2 幅面,其余类推。

表 1-2　基本幅面尺寸

幅面代号	A0	A1	A2	A3	A4
$B \times L$	841×1189	594×841	420×594	297×420	210×297
e	20			10	
c	10			5	
a	25				

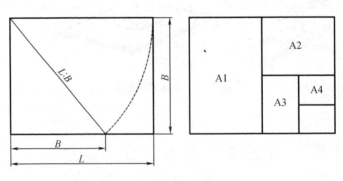

图 1-8　图纸的基本幅面

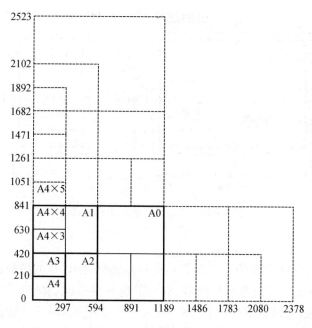

图1-9 图纸的加长幅面

2. 图框格式

图框是图纸上限定绘图范围的线框。图样均应绘制在用粗实线画出的图框内。其格式分为不留装订边和留有装订边两种,但同一产品的图样只能采用一种格式。

留有装订边的图纸,其图框用格式如图1-10所示。不留装订边的图纸,其图框格式如图1-11所示。两种格式的周边尺寸见表1-2。加长格式的图框尺寸,按照所选用的基本幅面大一号的图纸的图框尺寸来确定。

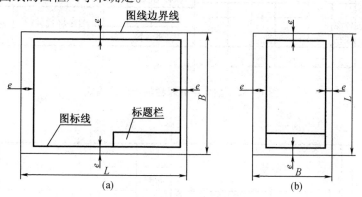

图1-10 留装订边的图框格式

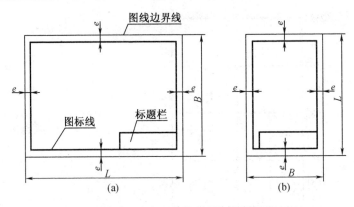

图1-11 不留装订边的图框格式

3.标题栏

国家标准规定,每张图纸的右下角都必须有标题栏,用以说明图样的名称、图号、零件材料、设计单位及有关人员的签名等内容,它一般包含更改区、签字区、其他区及名称代号区四个部分。国家标准(GB 10609.1—89)规定了标准图纸的标题栏的格式及尺寸,如图1-12所示。但学校里制图作业中的标题栏可以按照图1-13的格式绘制。看图的方向与标题栏应一致。

图1-12 国标中标题栏的组成及格式

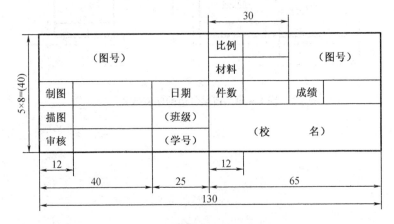

图1-13 制图作业的标题栏格式

若标题栏的长边置于水平方向且和图纸的长边平行时,构成 X 型的图纸,也称横式幅面,如图 1 - 10,1 - 11 中的(a);若标题栏的长边和图纸的长边垂直,则构成 Y 型的图纸,也称立式幅面,如图 1 - 10,1 - 11 中的(b)图。一般 A0～A3 号图纸幅面宜横放,A4 号以下的图纸幅面宜竖放。

4.其他符号

(1)对中符号

为了缩微摄影和复制图样时定位方便,均应在图纸各边长的中点处分别画出对中符,如图 1 - 14 所示。对中符号用粗实线绘制,线的宽度不小于 0.5 mm,长度从纸的边界开始到伸入图框内约 5 mm。当对中符号处在标题栏范围内时,伸入标题栏部分则省略不画。

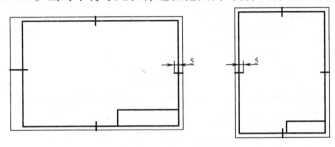

图 1 - 14　图纸中的对中符号

(2)方向符号

当图纸上预先印好的标题栏与绘图看图的方向不一致时,可采用图 1 - 15(a)所示的方向符号来表明绘图看图的方向,此时,方向符号应在图纸的下边对中符号处,标题栏应位于图纸右上角。方向符号用细实线绘制的等边三角形表示,其画法如图 1 - 15(b)所示。

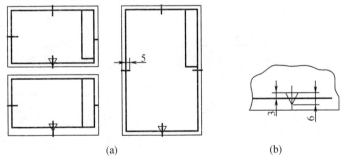

(a)　　　　　　　　　　　　(b)

图 1 - 15　图纸中的方向符号及其画法

(3)剪切符号

为使图样复制时便于剪切,可在图纸的四角上分别绘出剪切符号。剪切符号可采用直角边为 10 mm 长的黑色等腰三角形,也可将剪切符号画成线宽为 2 mm,线长为 10 mm 的两条粗线段,如图 1 - 16 所示。

(a)　　　　　　　　　　　　　　　　(b)

图 1 - 16　图纸中的剪切符号

二、图线及其画法（GB/T 17450—1998，等同采用 ISO128—20）

画在图纸上的各种形式的线条统称图线。国家标准规定了技术制图所用图线的名称、形式、应用和画法规则。

1. 线型及其应用

国家标准规定的基本线型共有 15 种形式，绘图时常用到其中的一小部分，如粗实线、细实线、虚线、点画线、双点画线、波浪线、双折线、粗点画线等，各类线型、宽度、用途如表 1 – 3 所示，各种线型的应用示例如图 1 – 17 所示。

表 1 – 3   线型名称、形式、宽度及应用

线型名称	线型形式、线型宽度	一般应用
粗实线	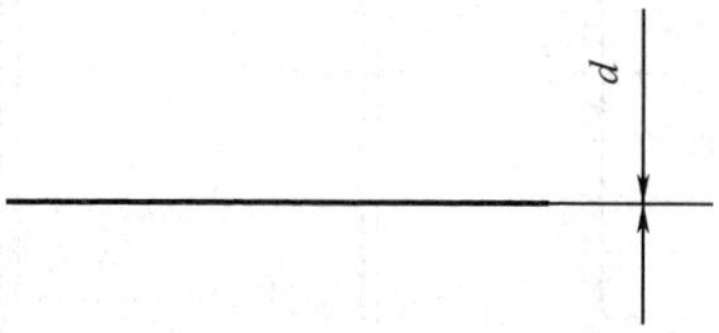 宽度：$d \approx 0.5 \sim 2$ mm	可见轮廓线、可见过渡线
细实线	 宽度：$d/4$	尺寸线、尺寸界限、剖面线、重合断面的轮廓线、辅助线、引出线、螺纹牙底线及齿轮的齿根线
细虚线	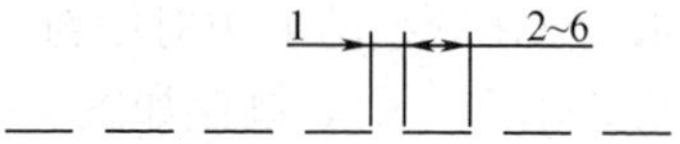 宽度：$d/4$	不可见轮廓线、不可见过渡线
细点画线	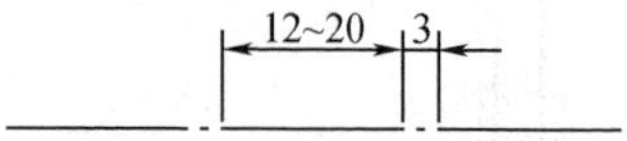 宽度：$d/4$	轴线、对称中心线、轨迹线、节圆及节线
细双点画线	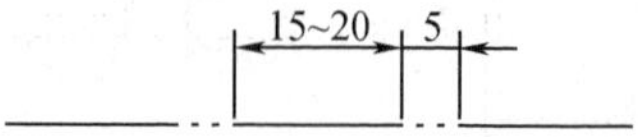 宽度：$d/4$	极限位置的轮廓线、相邻辅助零件的轮廓线、假想投影轮廓线的中断线
波浪线	 宽度：$d/4$	机件断裂处的边界线、视图与局部视图的分界线
细双折线	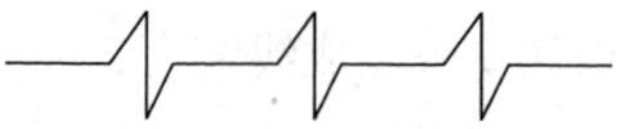 宽度：$d/4$	断裂处的分界线
粗点画线	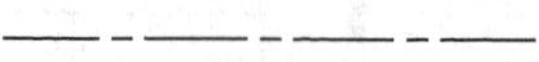 宽度：d	有特殊要求的线或表面的表示线

2. 图线宽度

技术制图中有粗线、中粗线、细线之分,其宽度比率为 4:2:1。图线的宽度 b,宜从下列数系中选取:0.13,0.18,0.25,0.35,0.5,0.7,1,1.4,2.0(单位均为 mm),该数系的公比为 $1:\sqrt{2}$。在机械图样中只采用粗、细两种线宽,其宽度比率为 2:1,其中粗线宽度可在表 1 - 3 中选择,优先采用 0.5 mm 和 0.7 mm 的线宽。

3. 图线的画法

(1)在同一张图纸内,同类图线的宽度应基本一致。

(2)相互平行的图线(包括剖面线),其间隙不宜小于其中的粗线宽度,且不宜小于 0.7 mm。

(3)虚线、点画线及双点画线的线段长度和间隔应大致相等。

(4)单点长画线或双点长画线,当在较小图形中绘制有困难时,可用实线代替。

(5)点画线与点画线或点画线与其他图线相交时,应是线相交,而不应是点相交。绘制圆的对称中心线时,圆心应为线的交点。单点画线和双点画线的首末两端应是线而不是点。在较小的图形上绘制点画线或双点画线有困难时,可用细实线代替。

(6)虚线、点画线与其他图线相交(或同种图线相交)时,都应以线相交;当虚线是粗实线的延长线时,粗实线应画到分界点,而虚线应以间隔与之相连。

(7)图形的对称中心线、回转体轴线等的细点画线,一般要超出图形外 2 ~ 5 mm。

(8)图线不得与文字、数字或符号重叠、混淆,不可避免时,应首先保证文字等的清晰。

各种图线相交的画法示例如图 1 - 18 所示。

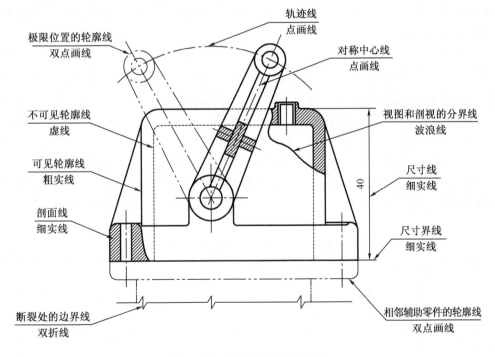

图 1 - 17　各种线型的应用示例

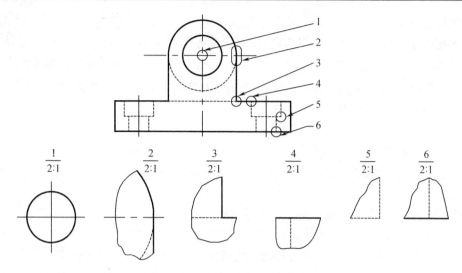

图 1 – 18　各种图线相交的画法示例

4. 字体(GB/T 14691—1993,等效采用 ISO 3098/1 及 3098/2)

字体是指图样中文字、字母、数字或符号的书写形式。

工程图纸上的字体均应做到笔画清晰、字体工整、排列整齐,间隔均匀,标点符号应清楚正确。汉字、数字、字母等字体的大小以字号来表示,字号就是字体的高度,用 h 来表示。图纸中字体的大小应依据图纸幅面、比例等情况从国标规定的公称尺寸系列中选用:3.5 mm,5 mm,7 mm,10 mm,14 mm,20 mm。如需书写更大的字,其高度应按 $\sqrt{2}$ 的比值递增,并取毫米的整数。

(1)汉字

图样及说明中的汉字,由于笔画较多,应采用简化汉字书写,必须遵守国务院公布的《汉字简化方案》和有关规定,并用长仿宋字体。长仿宋字体的字高与字宽的比例为 $1:\sqrt{2}$,字号不应小于 3.5 mm,长仿宋字的基本笔画有点、横、竖、撇、捺、挑、折、勾等。长仿宋字的书写要领:横平竖直、注意起落、结构匀称、填满方格。

①横平竖直　横笔基本要平,可稍微向上倾斜一点。竖笔要直,笔画要刚劲有力。

②注意起落　长仿宋字体的基本笔画为横、竖、撇、捺、挑、点、钩、折。横、竖的起笔和收笔,撇的起笔,钩的转角等都要顿一下笔,形成小三角。几种基本笔画的书写如表 1 – 4 所示。

表 1 – 4　长仿宋字基本笔画示例

名称	横	竖	撇	捺	挑	点	钩
形状	一	丨	丿	乀	丿	小	亅乚
笔法	一	丨	丿	乀	丿	小	亅乚

③结构匀称　要注意字体的结构,即妥善安排字体的各个部分应占的比例,笔画布局要均匀紧凑。

④填满方格　上下左右笔锋要尽可能靠近字格,但也有例外的,如日、口、月、二等字都要比字格略小。长仿宋字体示例如图 1 – 19。

10号字体

字体工整　笔画清晰　间隔均匀　排列整齐

7号字体

横平竖直　　　注意起落　　　结构匀称　　　填满方格

5号字体

机械制图螺纹齿轮表面粗糙度极限与配合化工电子建筑船舶桥梁矿山纺织汽车航空石油

3.5号字体

图样是工程界的级数语言国家标准《技术制图》与《机械制图》是工程级数人员必须严格遵守的基本规定并备查阅的能力

图 1 – 19　长仿宋字书写示例

(2)数字和字母

数字和字母(包括阿拉伯数字、罗马数字、拉丁字母及少数希腊字母)按笔画宽度 d 与字高的关系情况可分为 A 型(笔画宽度 d 为 $h/14$)和 B 型(笔画宽度 d 为 $h/10$)。在同一张图纸上只能采用一种字体。其中又有直体字和斜体字之分,一般采用斜体。斜体字的字头向右倾斜,与水平方向的夹角不能小于 75°角。但当数字和字母与汉字混合书写时,可写成直体的。其书写示例字母、数字如图 1 – 20 所示。

图 1 – 20　字母、数字书写示例

数字和字母的字高,应不少于 2.5 mm。斜体字的高度与宽度应与相应的直体字相等。

(3)其他符号

①用作指数、分数、极限偏差、注脚等的数字及字母,一般应采用小一号的字体。如图 1 – 21 所示。

②图样中的数学符号、物理量符号、计量单位符号及其他符号、代号,应分别符合相应的规定。

$$R3 \quad 2\times45° \quad M24{-}6H \quad \Phi60H7 \quad \Phi30g6$$

$$\Phi20\,^{+0.021}_{\ \ 0} \qquad \Phi25\,^{-0.007}_{-0.020} \qquad Q235 \qquad HT200$$

图 1 – 21　其他符号书写示例

5. 比例(GB/T 14690—1993,等效采用 ISO 5455)

图样的比例,是图中图形与其实物相应要素的线性尺寸之比。线性尺寸是指相关的点、线、面本身的尺寸或它们的相对距离,如直线的长度、圆的直径、两平行表面的距离等。

比例的大小是指其比值的大小,如 1:50 大于 1:100。比例的符号为":",比例应以阿拉伯数字表示,如1:1,1:100 等。比值为 1 的比例,叫作原值比例,即 1:1 的比例,也叫等值比例。比值大于 1 的比例叫作放大比例,如 2:1 等。比值小于 1 的比例,叫作缩小比例,如 1:2 等。

平面图形1:200

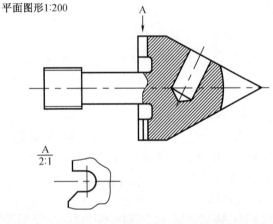

图 1 – 22　比例的注写

图样不论采用放大或缩小比例,不论作图的精确程度如何,在标注尺寸时,均应按机件的实际尺寸和角度即原值标注。一般情况下,比例应标注在标题栏中的比例一栏内。比例亦可注写在图名的下方或右侧,如图 1 – 22 所示。

绘图时所用的比例,应根据图样的用途与被绘对象的复杂程度,从表 1 – 5 中选用,并优先用表 1 – 5 中的常用比例,必要时,允许选用表 1 – 5 中的可用比例。一般情况下,一个图样应选用一种比例。根据专业制图的需要,同一图样可选用两种比例,即某个视图或某一部分可采用不同的比例(例如局部放大图),但必须另行标注。另行标注时,要按图 1 – 22 所示来标注。

表 1 – 5　比例系数

种类	比例
原值比例(比值为 1)	1:1
放大比例(比值大于 1)	5:1　2:1 $5\times10^n:1$　$2\times10^n:1$　$1\times10^n:1$
缩小比例(比值小于 1)	1:2　1:5　1:10 $1:(2\times10^n)$　$1:(5\times10^n)$　$1:(10\times10^n)$

表 1-5（续）

种类	比例
特殊放大比例	4:1 2.5:1
	$4 \times 10^n:1$ $2.5 \times 10^n:1$
特殊缩小比例	1:1.5 1:2.5 1:3 1:4 1:6
	$1:(11.5 \times 10^n)$ $1:(2.5 \times 10^n)$ $1:(3 \times 10^n)$ $1:(4 \times 10^n)$ $1:(6 \times 10^n)$

三、尺寸标注（GB/T 4458.4—2003）

在图样中，其图形只能表达机件的结构形状，只有标注尺寸后，才能确定零件的大小。因此，尺寸是图样的重要组成部分，尺寸标注是一项十分重要的工作，它的正确、合理与否，将直接影响到图纸的质量。标注尺寸必须认真仔细，准确无误，如果尺寸有遗漏或错误，都会给加工带来困难和损失。

1. 基本原则

（1）机件的真实大小应以图样所注的尺寸数值为依据，与图形的大小、所使用的比例及绘图的准确程度无关。

（2）图样中（包括技术要求和其他说明）的尺寸，以毫米为单位时，不需标注计量单位的代号或名称，若采用其他单位，则必须注明相应的计量单位的代号或名称。例如：角度为 30 度 10 分 5 秒，则在图样上应标注成"30°10′5″"。

（3）图样中所标注的尺寸，为该图样所示机件的最后完工尺寸，否则应另加说明。

（4）机件的每一尺寸，一般只标注一次，并应标注在反映该结构最清晰的图形上。

2. 尺寸的组成

图样上的尺寸包括四个要素：尺寸界线，尺寸线，尺寸线终端和尺寸数字、符号，如图 1-23 所示。

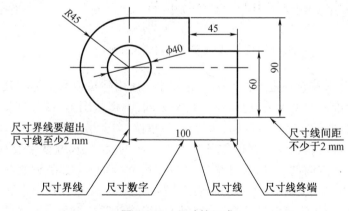

图 1-23 尺寸的组成

（1）尺寸界线 尺寸界线用来表示所注尺寸的范围界限，应用细实线绘制，一般应与被标注长度垂直，必要时才允许与尺寸线倾斜，如光滑过渡处的标注，但两尺寸界线仍相互平行。其一端应从图样的轮廓线、轴线或对称中心线引出，另一端应超出尺寸线 2~5 mm。必要时可直接利用图样轮廓线、中心线及轴线作为尺寸界线。

（2）尺寸线 尺寸线应用细实线绘制，标注线性尺寸时，应与被注长度平行，与尺寸界线垂直相交,但不应超出尺寸界线外。互相平行的尺寸线,应从被注的图样轮廓线由近向远整齐排列,小尺寸应离轮廓线较近,大尺寸离轮廓线较远。图样轮廓线以外的尺寸线,距图样最外轮廓线之间距离不宜小于 7 mm,平行排列的尺寸线的间距为 5 ~ 10 mm,并应保持一致。图样上任何图线都不得用作为尺寸线。

(3)尺寸线终端 尺寸线终端一般用箭头或细斜线绘制,并画在尺寸线与尺寸界线的相交处。箭头的形式如图 1 - 24 所示,适用于各种类型的图样。而细斜线的形式如图 1 - 24 所示,其倾斜方向应以尺寸线为准逆时针旋转45°角,长度应为 2 ~ 3 mm。箭头及斜线尺寸画法分别如图 1 - 24(a)(b)所示。在机械图样中一般采用箭头的形式,在土建图样中使用细斜线的形式,不好的箭头形式如图 1 - 24(c)所示。

半径、直径、角度与弧长的尺寸线终端应用箭头表示。当尺寸线与尺寸界线互相垂直时,同一张图样中只能采用一种尺寸线终端形式。当采用箭头形式时,同一图样上,箭头大小要一致,不随尺寸数值大小的变化而变化,而且在没有足够位置的情况下,允许用圆点或斜线代替箭头,见表 1 - 6。当尺寸线终端采用细斜线形式时,尺寸线与尺寸界线必须相互垂直。

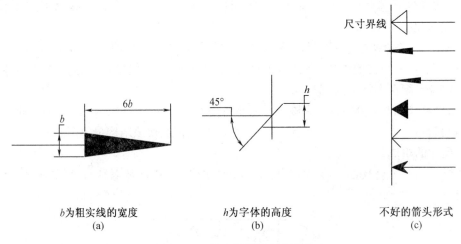

b为粗实线的宽度
(a)

h为字体的高度
(b)

不好的箭头形式
(c)

图 1 - 24 箭头及斜线尺寸画法

(4)尺寸数字 国标规定图样上标注的尺寸一律用阿拉伯数字标注其实际尺寸,它与绘图所用比例及准确程度无关,应以尺寸数字为准,不得从图上直接量取。图样上所标注的尺寸,除特别标明的之外,一律以毫米(mm)为单位,图上尺寸数字都不再注写单位。

尺寸数字一般注写在尺寸线的中部。水平方向的尺寸,尺寸数字要写在尺寸线的上面,字头朝上;竖直方向的尺寸,尺寸数字要写在尺寸线的左侧,字头朝左;倾斜方向的尺寸,尺寸数字的方向应按图 1 - 25(a)的规定注写。应尽可能避免在图中所示30°影线范围内标注尺寸数字,当无法避免时可按 1 - 25(b)的形式注写。对于非水平方向的尺寸数字,在不致引起误解时,其数字也可水平地注写在尺寸线的中断处,如图 1 - 26 所示,但在同一图样中,应采用同一种方法注写尺寸数字。

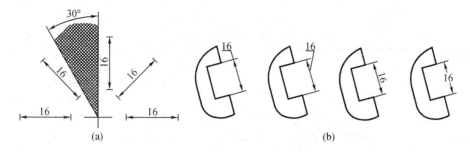

图 1 - 25　尺寸数字的注写方向

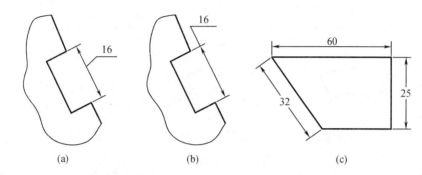

图 1 - 26　非水平方向的尺寸数字的注写方向

　　尺寸数字如果没有足够的注写位置,尺寸数字也可引出标注,尺寸数字不可被任何图线穿过,否则必须断开图线,见表 1 - 6 所示。

　　当对称机件采用对称省略画法时,该对称构配件的尺寸线应略超过对称符号,仅在尺寸线的一端画尺寸起止符号,尺寸数字应按整体全尺寸注写,其注写位置宜与对称符号对齐,如图 1 - 27 所示。

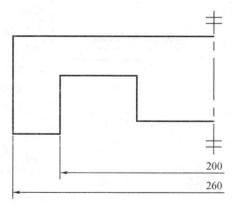

图 1 - 27　对称机件尺寸标注方法

　　尺寸数字前面的符号用于区分不同类型的尺寸。如:ϕ 表示直径,R 表示半径,S 表示球面,t 表示板状零件厚度,⌴表示沉孔或锪平,C 表示 45°角,EQS 表示均布,↧表示深度∨表示埋头孔。

　　3.尺寸注法示例

　　表 1 - 6 列出了国标所规定的一些尺寸注法。

表 1-6 尺寸标注示例

标注内容	示例	说明
角度	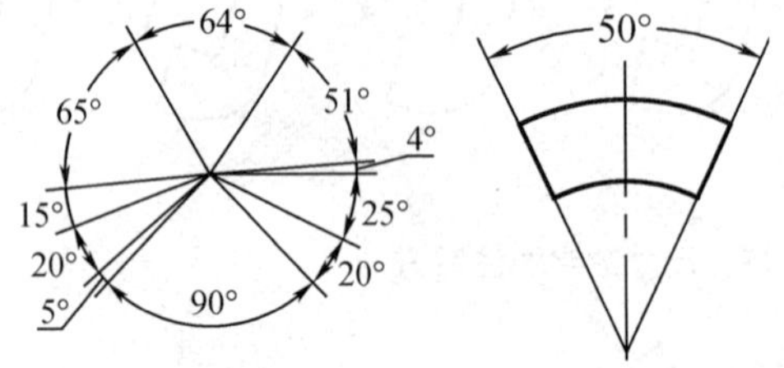	角度尺寸线应画成圆弧,其圆心是该角的顶点。角度尺寸界线应沿径向引出 角度的数字应一律写成水平方向,一般注写在尺寸线的中断处,必要时也可以注写在尺寸线的上方或外面,也可引出标注
弧长和弦长	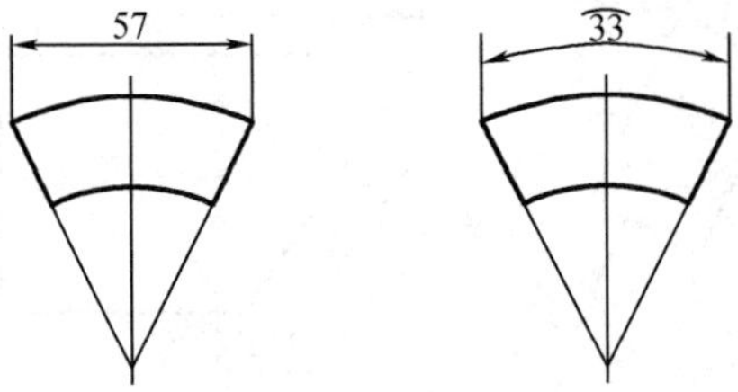	弦长和弧长的尺寸界线应平行于该弦的垂直平分线
圆	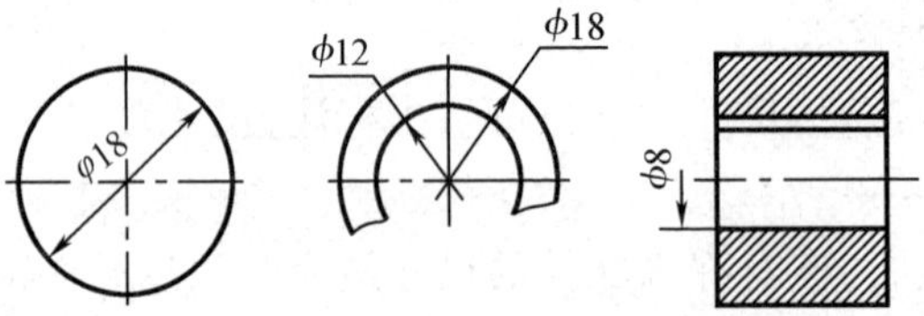	尺寸线应通过圆心,尺寸线的两个终端应画成箭头,在尺寸数字前应加注符号 ϕ 当图形中的圆只画出一半或略大于一半时,尺寸线应略超过圆心,此时仅在尺寸线的一端画出箭头 整圆或大于半圆应注直径
大圆弧	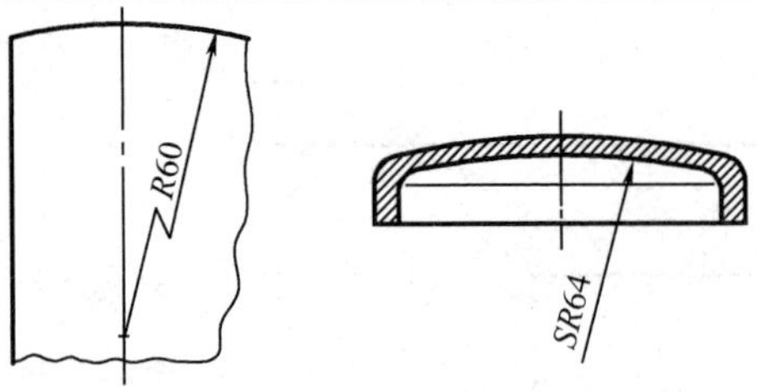 (a) (b)	当圆弧的半径过大,或在图纸范围内无法标出其圆心位置时,可按图(a)的形式标注,若不需要标出圆心位置时,可按图(b)的形式标注。标注球面的直径或半径时,应在符号" ϕ "或" R "前再加注符号" S "
圆弧半径	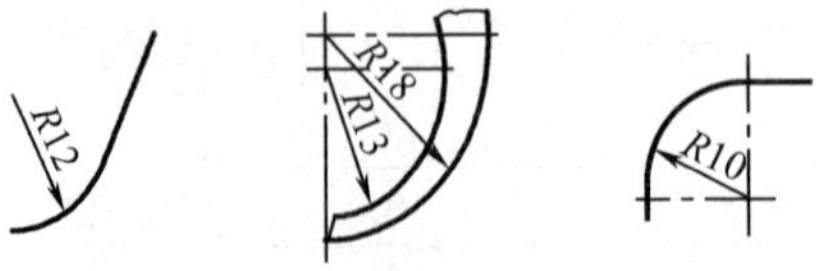 (a) 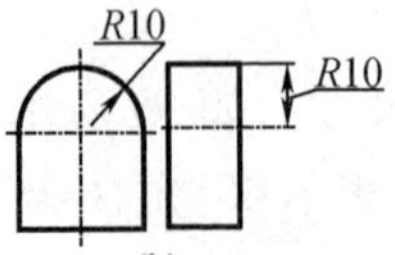 (b)	标注圆弧半径时,尺寸线的一端一般应画到圆心,以明确表示其圆心的位置,另一端画成箭头。在尺寸数字前应加注符号" R " 半径尺寸必须注在投影为圆弧的图形上 半圆或小于半圆的圆弧标注半径,如图(b)所示

表 1 −6（续）

标注内容	示例	说明
光滑 过渡处	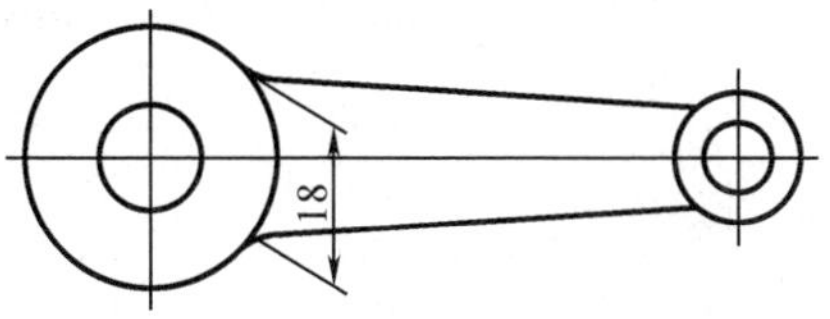	在光滑过渡处必须用细实线将轮廓线延长，并从它们的交点处引出尺寸界线，一般应垂直，若不清晰时，则允许尺寸界线倾斜
小尺寸	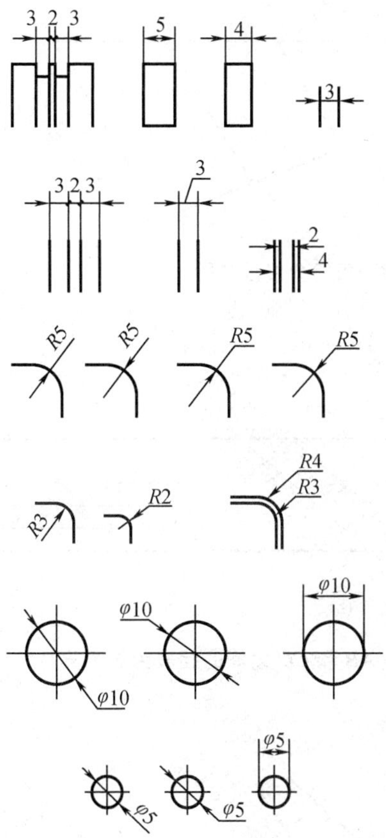	当遇到连续几个较小的尺寸时，允许用黑圆点或斜线代替箭头。 在图形上直径较小的圆或圆弧，在没有足够的位置画箭头或注写数字时，可按下图的形式标注。 标注小圆弧半径的尺寸线，不论其是否画到圆心，但其方向必须通过圆心
对称机件 的标注	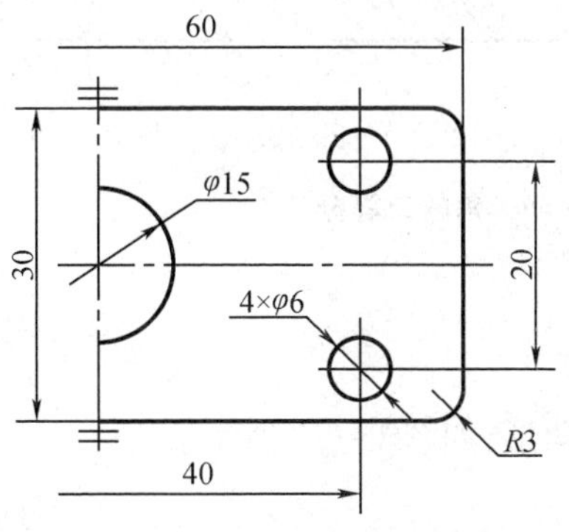	当对称机件的图形只画出一半或略大于一半时，尺寸线应略超过对称中心或断裂处的边界线，此时仅在尺寸线的一端画出箭头

第三节　常用几何图形的画法

一、几何作图

1. 线段和角的等分

(1)线段的任意等分,如图1-28所示。

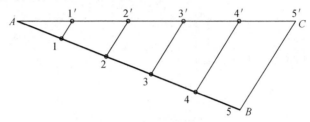

图1-28　五等分线段*AB*

(2)两平行线间的任意等分,如图1-29所示。

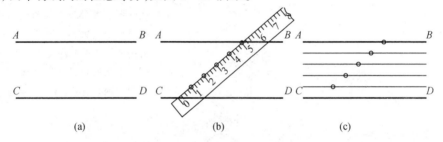

(a) (b) (c)

图1-29　分两平行线*AB*和*CD*之间的距离为五等分

(3)角的二等分,如图1-30所示。

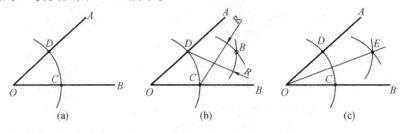

(a) (b) (c)

图1-30　角的二等分

2. 等分圆周作正多边形

(1)正三角形

①用圆规和三角板作圆的内接正三角形,如图1-31所示。

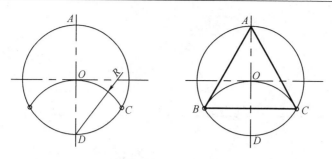

图 1 − 31　用圆规和三角板作圆的内接正三角形

②用丁字尺和三角板作圆的内接正三角形,如图 1 − 32 所示。

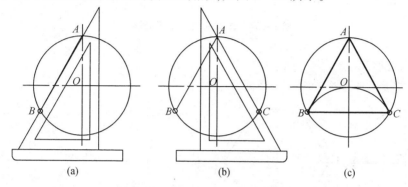

图 1 − 32　用丁字尺和三角板作圆的内接正三角形

（2）正四边形

用丁字尺和三角板作圆的内接正方形,如图 1 − 33 所示。

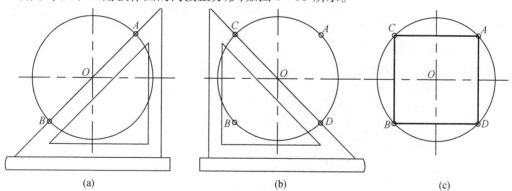

图 1 − 33　用丁字尺和三角板作圆的内接正方形

（3）正五边形

作圆的内接正五边形,如图 1 − 34 所示。

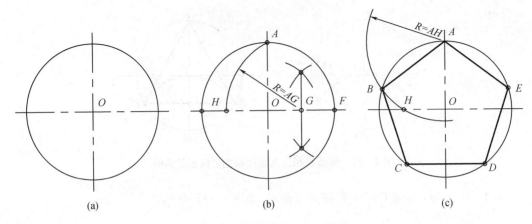

图1-34 作圆的内接正五边形

（4）正六边形

作圆的内接正六边形，如图1-35所示。

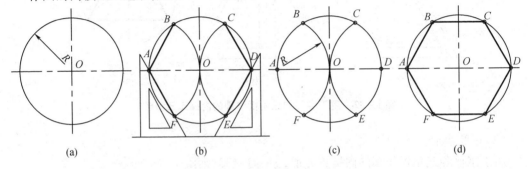

图1-35 作圆的内接正六边形

（5）任意正多边形的画法

如图1-36所示，以圆内接正七边形为例，说明任意正多边形的画法。

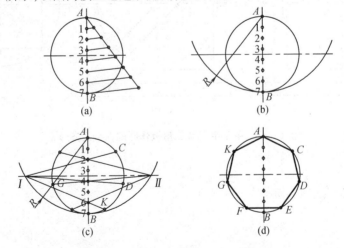

图1-36 任意正多边形的画法

作图步骤：

①把直径 AB 分为七等份，得等分点 1,2,3,4,5,6；

②以点 A 为圆心，AB 长为半径作圆弧，交水平直径的延长线于 I，II 两点；

③从 I，II 两点分别向各偶数点（2,4,6）连线并延长相交于圆周上的 C,D,K,F,G,E 点，依次连接 A,C,D,E,F,G,K 各点即得所作的正七边形。

3. 椭圆画法

（1）同心圆法

如图 1 - 37 所示，已知椭圆长轴 AB、短轴 CD、中心点 O，求作椭圆。

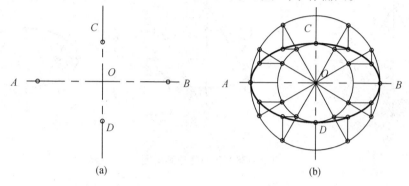

图 1 - 37　同心圆法画椭圆

作图步骤：

①以 O 为圆心，以 OA 和 OC 为半径，作出两个同心圆；

②过中心 O 作等分圆周的辐射线（图中作了 12 条线）；

③过辐射线与大圆的交点向内画竖直线，过辐射线与小圆的交点向外画水平线，则竖直线与水平线的相应交点即为椭圆上的点；

④用曲线板将上述各点依次光滑地连接起来，即得所画的椭圆。

（2）四心圆法

如图 1 - 38 所示，已知椭圆长轴 AB、短轴 CD、中心 O，求作椭圆。

作图步骤：

①连接 AC，在 AC 上截取点 E，使 $CE = OA - OC$（图 1 - 38（a））；

②作线段 AE 的中垂线并与短轴相交于点 O_1，与长轴交于点 O_2（图 1 - 38（b））；

③在 CD 上和 AB 上找到 O_1，O_2 的对称点 O_3，O_4，则 O_1，O_2，O_3，O_4 即为四段圆弧的四个圆心（图 1 - 38（c））；

④将四个圆心点两两相连，得出四条连心线（图 1 - 38（d））；

⑤以 O_1，O_3 为圆心，$O_1C = O_3D$ 为半径，分别画圆弧 T_1T_2 和 T_3T_4，两段圆弧的四个端点分别落在四条连心线上（图 1 - 38（e））；

⑥以 O_2，O_4 为圆心，$O_2A = 0_4B$ 为半径，分别画圆弧 T_1T_3 和 T_2T_4，完成所作的椭圆（图 1 - 38（f））。

这是个近似的椭圆，它由四段圆弧组成，T_1，T_2，T_3，T_4 为四段圆弧的连接点，也是四段圆弧相切（内切）的切点。

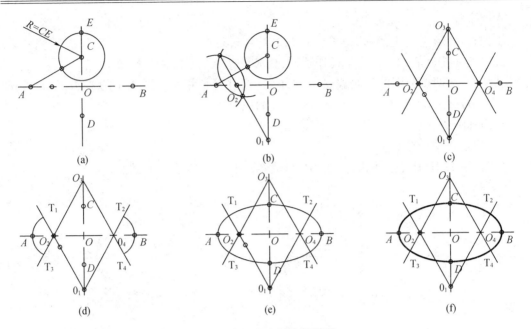

(a) (b) (c)

(d) (e) (f)

图1-38 四心圆法画椭圆

（3）八点法

如图1-39所示，已知椭圆的长轴AB、短轴CD，求作椭圆。

作图步骤：

①过长短轴的端点A,B,C,D作椭圆外切矩形1234，连接对角线；

②以$1C$为斜边，作45°等腰直角三角形$1KC$；

③以C为圆心，CK为半径作弧，交14于M,N；在自M,N引短边的平行线，与对角线相交得5,6,7,8四点；

④用曲线板顺序连接点$A,5,C,7,B,8,D,6,A$，即得所求的椭圆。

八点法画的椭圆不太精确。

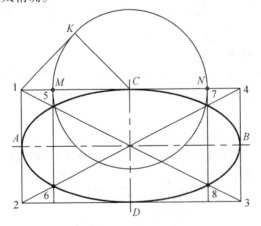

图1-39 八点法画椭圆

二、斜度和锥度

1. 斜度

斜度是指一直线（或一平面）对另一直线（或一平面）的倾斜程度。其大小用该两直线（或平面）间夹角的正切来表示,并将比值化为 $1:n$ 的形式,即斜度 $= \tan a = H/L = 1:L/H = 1:n$ 斜度的作法及斜度符号的绘制方法如图 $1-40$。

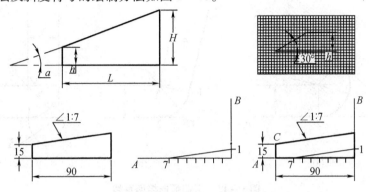

图 1-40　斜度的作法及斜度符号的绘制方法

2. 锥度（GB/T 15754—1995）

锥度是指正圆锥的底圆直径与圆锥高度之比。如果是锥台,则为两底圆直径之差与其锥台高之比:锥度 $= D/H = (D-d)/h = 2 \tan a$。锥度的作法及锥度符号的绘制方法如图$1-41$。

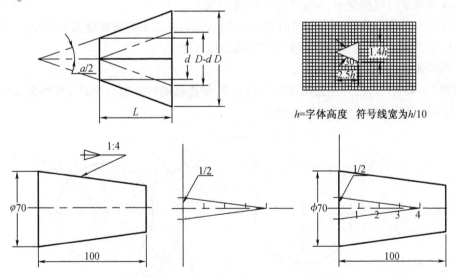

h=字体高度　符号线宽为$h/10$

图 1-41　锥度的作法及锥度符号的绘制方法

三、圆弧连接

绘制平面图形时,经常需要用圆弧将两条直线、一圆弧与一直线或两个圆弧之间光滑地连接起来,这种连接作图称为圆弧连接,用来连接已知直线或已知圆弧的圆弧称为连接圆弧。圆弧连接的要求就是光滑,而要做到光滑连接就必须使连接圆弧与已知直线、圆弧相切,切点称为连接点。为了能准确连接,作图时必须先求出连接圆弧的圆心,再找连接点

（切点），最后作出连接圆弧。

1. 用圆弧连接两直线

如图 1−42 所示，已知直线 AC 和 CB，连接圆弧的半径为 R，求作连接圆弧。

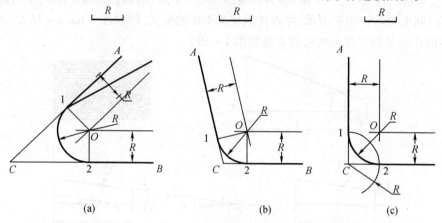

图 1−42　用圆弧连接两直线

作图步骤：

①在直线 AC 上任找一点并以其为垂足作直线 AC 的垂线，再在该垂线上找到垂足的距离为 R 的另一点，并过该点作直线 AC 的平行线；

②用同样方法作出距离等于 R 的 BC 直线的平行线；

③找到两平行线的交点，O 即为连接圆弧的圆心；

④自点 O 分别向直线 AC 和 BC 作垂线，得垂足 1,2；1,2 即为连接圆弧的连接点（切点）；

⑤以 O 为圆心，R 为半径作圆弧 12，完成连接作图。

2. 用圆弧连接一直线和一圆弧

如图 1−43 所示，已知连接圆弧的半径为 R，被连接的圆弧圆心为 O_1、半径 R_1 以及直线 AB，求作连接圆弧（要求与已知圆弧外切）。

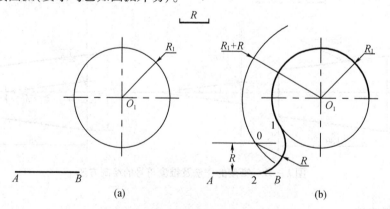

图 1−43　用圆弧连接一直线和一圆弧

作图步骤：

①作已知直线 AB 的平行线，使其间距为 R，再以 O_1 为圆心、$R+R_1$ 为半径作圆弧，该圆弧与所作平行线的交点 O 即为连接圆弧的圆心；

②由点 O 作直线 AB 的垂线得垂足 2，连接 OO_1，与圆弧 O_1 交于点 1。1,2 即为连接圆弧的连接点（两个切点）；

③以 O 为圆心，R 为半径作圆弧 12，完成连接作图。

3. 用圆弧连接两圆弧

（1）与两个圆弧外切连接

如图 1 – 44 所示，已知连接圆弧半径为 R，被连接的两个圆弧的圆心分别为 O_1，O_2，半径为 R_1，R_2，求作连接圆弧。

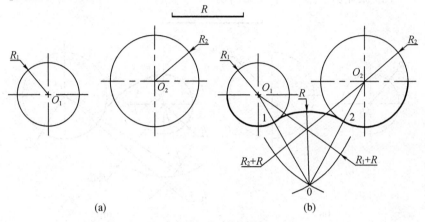

图 1 – 44　用圆弧连接两圆弧（外切）

作图步骤：

①以 O_1 为圆心，$R + R_1$ 为半径作一圆弧，再以 O_2 为圆心、$R + R_2$ 为半径作另一圆弧，两圆弧的交点 O 即为连接圆弧的圆心；

②作连心线 OO_1，它与圆弧 O_1 的交点为 1，再作连心线 OO_2，它与圆弧 O_2 的交点为 2，则 1,2 即为连接圆弧的连接点（外切的切点）；

③以 O 为圆心，R 为半径作圆弧 12 完成连接作图。

（2）与两个圆弧内切连接

如图 1 – 45 所示，已知连接圆弧的半径为 R，被连接的两个圆弧圆心分别为 O_1，O_2，半径为 R_1，R_2，求作连接圆弧。

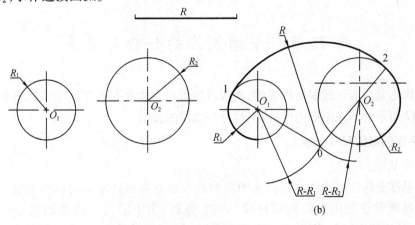

图 1 – 45　用圆弧连接两圆弧（内切）

作图步骤：

①以 O_1 为圆心，$R-R_1$ 为半径作一圆弧，再以 O_2 为圆心、$R-R_2$ 为半径作另一圆弧，两圆弧的交点 O 即为连接圆弧的圆心；

②作连心线 OO_1，它与圆弧 O_1 的交点为 1，再作连心线 OO_2，它与圆弧 O_2 的交点为 2，则 1，2 即为连接圆弧的连接点（内切的切点）；

③以 O 为圆心，R 为半径作圆弧 12，完成连接作图。

（3）与一个圆弧外切，与另一个圆弧内切

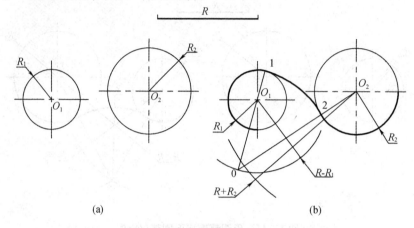

图 1-46　用圆弧连接两圆弧（一外切、一内切）

如图 1-46 所示，已知连接圆弧半径为 R，被连接的两个圆弧圆心为 O_1，O_2，半径为 R_1，R_2，求作一连接圆弧，使其与圆弧 O_1 外切，与圆弧 O_2 内切。

作图步骤：

①分别以 O_1，O_2 为圆心，$R+R_1$，$R-R_2$ 为半径作两个圆弧，两圆弧交点 0 即为连接圆弧的圆心；

②作连心线 OO_1，与圆弧 O_1 相交于 1；再作连心线 OO_2，与圆弧 O_2 相交于 2，则 1，2 即为连接圆弧的连接点（前为外切切点、后为内切切点）；

③以 O 为圆心，R 为半径作圆弧 12，完成连接作图。

第四节　平面图形的分析与画法

平面图形是由若干段线所围成的，而线段的形状与大小是根据给定的尺寸确定的。现以图 1-47 所示的平面图形为例，说明尺寸与线段的关系。

一、平面图形的尺寸分析

1.尺寸基准

尺寸基准是标注尺寸的起点。平面图形的长度方向和高度方向都要确定一个尺寸基准。尺寸基准常常选用图形的对称线、底边、侧边、图中圆周或圆弧的中心线等。在图 1-47 所示的平面图形中，水平中心线 B 是高度方向的尺寸基准，端面 A 是长度方向的尺寸基准。

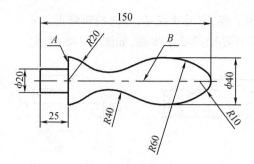

图 1 – 47 平面图形的尺寸与线段分析

2.定形尺寸和定位尺寸

定形尺寸是确定平面图形各组成部分大小的尺寸,如图 1 – 47 中的 $R60,R40,R10,\phi20$ 等;定位尺寸是确定平面图形各组成部分相对位置的尺寸,如图 1 – 47 中的 $\phi40$、长度 25 等,该图中还有的定位尺寸需经计算后才能确定,如半径为 $R10$ 的圆弧,其圆心在水平中心线 B 上,且到端面 A 的距离为 $(150 - (25 + 10)) = 115$。从尺寸基准出发,通过各定位尺寸,可确定图形中各组成部分的相对位置,通过各定形尺寸,可确定图形中各组成部分的大小。

3.尺寸标注的基本要求

平面图形的尺寸标注要做到正确、完整、清晰。

尺寸标注应符合国家标准的规定;标注的尺寸应完整,没有遗漏的尺寸;标注的尺寸要清晰、明显,并标注在便于看图的地方。

二、平面图形的线段分析

在绘制有连接作图的平面图形时,需要根据尺寸的条件进行线段分析。平面图形的圆弧连接处的线段,根据尺寸是否完整可分为三类。

1.已知线段

根据给出的尺寸可以直接画出的线段称为已知线段。即这个线段的定形尺寸和定位尺寸都完整。如图 1 – 47 中,圆心位置由尺寸 25,$(150 + (25 + 10)) = 115$ 确定的半径为 $R20,R10$ 的两个圆弧是已知线段(也称为已知弧)。

2.中间线段

有定形尺寸,缺少一个定位尺寸,需要依靠两端相切或相接的条件才能画出的线段称为中间线段。如图 1 – 47 中 $R60$ 的圆弧是中间线段(也称为中间弧)。

3.连接线段

图 1 – 47 中圆弧 $R40$ 的圆心,其两个方向定位尺寸均未给出,而需要用与两侧相邻线段的连接条件来确定其位置,这种只有定形尺寸而没有定位尺寸的线段称为连接线段(也称为连接弧)。

三、平面图形的画法

1.首先对平面图形进行尺寸分析和线段分析,找出尺寸基准和圆弧连接的线段,拟定作图顺序。

2.选定比例,画底稿。先画平面图形的对称线、中心线或基线,再顺次画出已知线段、中间线段、连接线段。

3.画尺寸线和尺寸界线,并校核修正底稿,清理图面。

4.按规定线型加深或上墨,写尺寸数字,再次校核修正。

抄绘图 1-47 所示平面图形的绘图步骤,如图 1-48 所示。

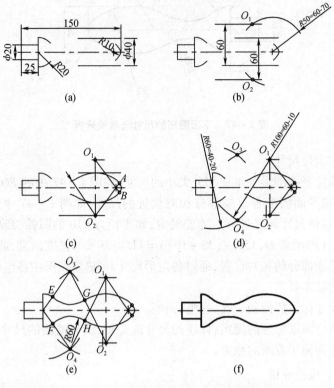

图 1-48　平面图形的画图步骤

第二章　投影的基本知识

知识目标

1. 掌握正投影的基本原理。
2. 掌握三视图的形成及其投影规律。
3. 掌握点、线、面的投影特性。

能力目标

1. 能根据点、线、面的投影特性绘制其三面投影。
2. 能根据三视图的形成及其投影规律绘制基本几何体的三视图。

第一节　投影方法

一、投影法的概念

（一）投影法的概念

在日常生活中，我们看到在太阳光或灯光照射物体时，在地面或墙壁上出现物体的影子，这就是一种投影现象。

投影法与自然投影现象类似，就是投影线通过物体向选定的投影面投射，并在该面上得到图形的方法，用投影法得到的图形称作投影图或投影，如图 2-1 所示。

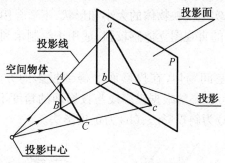

图 2-1　投影的产生

产生投影时必须具备的三个基本条件是投影线、被投影的物体和投影面。

需要注意的是，生活中的影子和工程制图中的投影是有区别的，投影必须将物体的各个组成部分的轮廓全部表示出来，而影子只能表达物体的整体轮廓，并且内部为一个整体，如图 2-2 所示。

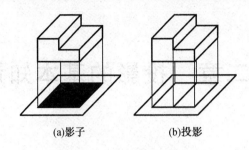

(a)影子   (b)投影

图 2 - 2　投影与影子的区别

（a）影子；（b）投影

二、投影法分类

根据投影线与投影面的相对位置的不同,投影法分为两种。

1. 中心投影法

投影线从一点出发,经过空间物体,在投影面上得到投影的方法(投影中心位于有限远处),如图 2 - 3 所示。

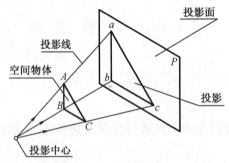

图 2 - 3　中心投影法

缺点:中心投影不能真实地反映物体的大小和形状,不适合用于绘制水利工程图样。

优点:中心投影法绘制的直观图立体感较强,适用于绘制水利工程建筑物的透视图。

2. 平行投影法

投影线相互平行经过空间物体,在投影面上得到投影的方法(投影中心位于无限远处),称为平行投影法。平行投影法根据投影线与投影面的角度不同,又分为正投影法和斜投影法,如图 2 - 4 所示,(a)为斜投影法,(b)为正投影法。

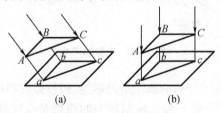

(a)   (b)

图 2 - 4　平行投影法

（a）斜投影法；（b）正投影法

优点:正投影法能够表达物体的真实形状和大小,作图方法也较简单,所以广泛用于绘制工程图样。

在以后的章节中,我们所讲述的投影都是指正投影。

一、投影的特性

1. 真实性

平行于投影面的直线段或平面图形,在该投影面上的投影反映了该直线段或者平面图形的实长或实形,这种投影特性称为真实性,如图 2-5 所示。

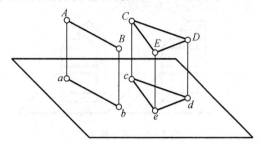

图 2-5　投影的真实性

2. 积聚性

垂直于投影面的直线段或平面图形,在该投影面上的投影积聚成为一点或一条直线,这种投影特性称为积聚性,如图 2-6 所示。

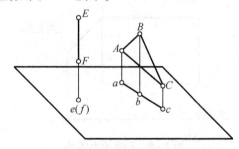

图 2-6　投影的积聚性

3. 类似收缩性

倾斜于投影面的直线段或平面图形,在该投影面上的投影长度变短或是一个比真实图形小,但形状相似、边数相等的图形,这种投影特性称为类似收缩性,如图 2-7 所示。

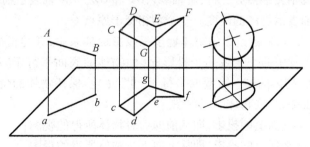

图 2-7　投影的类似收缩性

第二节 物体的三视图

如图 2-8 所示,单个投影无法全面、正确地显示物体的空间形状。要正确反映物体的完整形状,通常需要三个投影,制图中称为三视图。

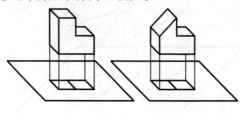

图 2-8 单一投影

一、三视图的形成

1. 三面投影体系的建立

三面投影体系的建立如图 2-9 所示。

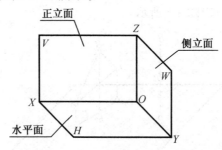

图 2-9 三面投影体系

正立投影面简称正立面,用大写字母"V"标记;

水平投影面简称水平面,用大写字母"H"标记;

侧立投影面简称侧立面,用大写字母"W"标记。

三个投影面垂直相交,得到三条投影轴 OX,OY 和 OZ。OX 轴表示物体的长度;OY 轴表示物体的宽度;OZ 轴表示物体的高度。三个轴相交于原点 O。

如图 2-10(a)所示,将被投影的物体置于三投影面体系中,并尽可能使物体的几个主要表面平行或垂直于其中的一个或几个投影面(使物体的底面平行于"H"面,物体的前、后端面平行于"V"面,物体的左、右端面平行于"W"面)。保持物体的位置不变,将物体分别向三个投影面作投影,得到物体的三视图。

正视图:物体在正立面上的投影,即从前向后看物体所得的视图;

俯视图:物体在水平面上的投影,即从上向下看物体所得的视图;

左视图:物体在侧立面上的投影,即从左向右看物体所得的视图。

2. 三面投影的展开

工程中的三视图是在平面图纸上绘制的,因此我们需要将三面投影体系展开,如图 2-10(b)所示。V 面保持不动,H 面向下绕 OX 轴旋转 90°,W 面向右旋转 90°,三面展成一个平面。OY 轴一分为二，H 面的标记为 Y_H，W 面的标记为 Y_W。

二、三视图的规律

1. 视图与物体的位置对应关系

物体的空间位置分为上下、左右、前后，尺寸为长、宽、高，如图 2 - 10(c)所示：

正视图：反映物体的长、高尺寸和上下、左右位置；

俯视图：反映物体的长、宽尺寸和左右、前后位置；

左视图：反映物体的高、宽尺寸和前后、上下位置。

2. 三视图的投影规律

三视图的投影规律，是指三个视图之间的关系。从三视图的形成过程可以看出，三视图是在物体安放位置不变的情况下，从三个不同的方向投影所得，它们共同表达一个物体，并且每两个视图中就有一个共同尺寸，所以三视图之间存在如下的度量关系：

正视图和俯视图"长对正"，即长度相等，并且左右对正；

正视图和俯视图"高平齐"，即高度相等，并且上下平齐；

俯视图和侧视图"宽相等"，即在作图中俯视图的竖直方向与侧视图的水平方向对应相等。

"长对正、高平齐、宽相等"，是三视图之间的投影规律。

如图 2 - 10(d)所示。这是画图和读图的根本规律，无论是物体的整体还是局部，都必须符合这个规律。

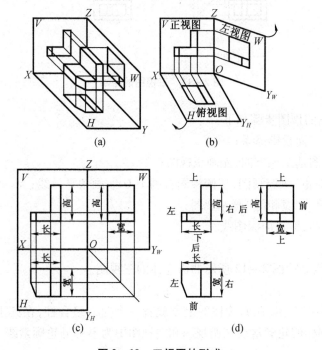

图 2 - 10　三视图的形成

三、三视图的画法

1. 绘图步骤

以图 2 - 11 空间形体为例作三视图。

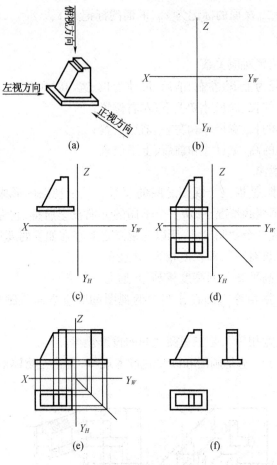

图 2 – 11 三视图的绘制

总结作三视图的作图步骤如下：

(1)画展开的三面投影体系；

(2)根据轴测图选正视方向，先画正视图；

(3)根据"长对正"画俯视图，在俯视图右侧 $Y_H O Y_W$ 画角平分线；

(4)根据"高平齐、宽相等"画左视图；

(5)完成三视图，检查加深图线。

2.绘图实例

[例 2 – 1] 绘制如图 2 – 12 所示曲面立体的三视图。

分析：

该立体为一个组合体，在四棱柱的上方放置一个曲面组合柱，在其正中的上方挖掉一个圆柱体。空心圆柱的轮廓素线在俯视图和左视图中为不可见轮廓素线。

作图步骤：

(1)正确放置该柱体，选择正视的投影方向；

(2)绘制三面投影体系以及正视图；

(3)根据"长对正、宽相等、高平齐"绘制其余两面投影；

(4)检查、加深，并且擦去投影轴及辅助线。

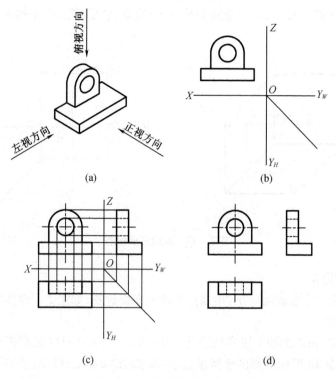

图 2-12 曲面体三视图的绘制

第三节 点、直线和平面的投影

一、点的投影

1. 点的位置和坐标

空间点的位置,可用直角坐标值来确定,一般书写形式为 $A(x,y,z)$,A 表示空间点。

x 坐标表示空间点 A 到 W 面的距离;

y 坐标表示空间点 A 到 V 面的距离;

z 坐标表示空间点 A 到 H 面的距离。

2. 点的三面投影

为了统一起见,规定空间点,如 A,B,C 等其水平投影用相应的小写字母表示,如 a,b,c 等;正面投影用相应的小写字母加撇表示,如 a',b',c' 等;侧立面投影用相应的小写字母加两撇表示,如 a'',b'',c''等。

如图 2-13(a)所示,过 A 点分别向三个投影面上作投影线,在三个面上分别得到相应的垂足 a',a,a''。

a' 称为点 A 的正立面投影,位置由坐标 (x,z) 决定,它反映了点 A 到 W,H 两个投影面的距离;

a 称为点 A 的水平面投影,位置由坐标 (x,y) 决定,它反映了点 A 到 W,V 两个投影面的距离;

a'' 称为点 A 的侧立面投影,位置由坐标 (y,z) 决定,它反映了点 A 到 V,H 两个投影面的距离。

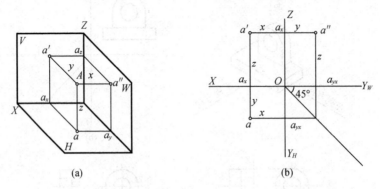

(a)　　　　　　　　　　　(b)

图 2 – 13　点的三面投影

3. 点的投影规律

按照规定,将三个投影面展平,得到点 A 的三面投影图,如图 2 – 13(b)所示。分析得出点的三面投影规律:

点的 V 面投影和 H 面投影的连线垂直于 OX 轴,即 $aa' \perp OX$(长对正);

点的 V 面投影和 W 面投影的连线垂直于 OZ 轴,即 $a'a'' \perp OZ$(高平齐);

点的 H 面投影至 OX 轴的距离等于点的 W 面投影至 OZ 轴的距离,即 $aa_x = a''a_z$(宽相等)。实际作图中用 45°辅助线作宽相等。

[例 2 – 2]　如图 2 – 14 所示,已知点 A 的两个投影 a 和 a',求 a''。

分析:

由于点的两个投影反映了该点的三个坐标,可以确定该点的空间位置。因而应用点的投影规律,可以根据点的任意两个投影求出第三个投影。

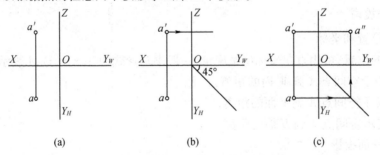

(a)　　　　　　　　(b)　　　　　　　　(c)

图 2 – 14　已知点的两投影求第三投影

作图步骤:

(1)过 a' 向右作水平线,过 O 点画 45°斜线;

(2)过 a 作水平线与 45°斜线相交,并由交点向上引铅垂线,与过 a' 的水平线的交点即为所求点 a''。

4. 两点之间的相对位置关系

分析两点的同面投影之间的坐标大小,可以判断空间两点的相对位置。x 坐标值的大小可以判断两点的左右位置;z 坐标值的大小可以判断两点的上下位置;y 坐标值的大小可以判断两点的前后位置。如图 2 – 15 所示，A 点 Z 坐标大于 B 点 Z 坐标，所以 A 点在 B 点上方；A 点 X 坐标大于 B 点 X 坐标，所以 A 点在 B 点左方；A 点 Y 坐标小于 B 点 Y 坐标，所以 A 点在 B 点后方。

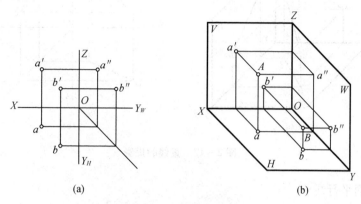

图 2 – 15　两点的空间位置

当空间两点位于同一投影线上，它们在该投影面上的投影重合为一点，这两点称为该投影面的重影点。如图 2 – 16 所示的 A,B 两点处在 H 面的同一投影线上，它们的水平投影 a 和 b 重影为一点，空间点 A,B 称为水平投影面的重影点。

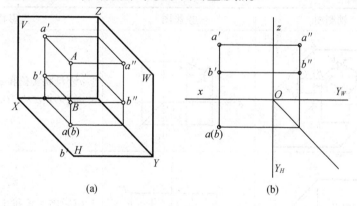

图 2 – 16　重影点

重影点可见性的判别，一般根据 (x,y,z) 三个坐标值中不相同的那个坐标值来判断，其中坐标值大的点投影可见。制图标准规定在不可见的点的投影上加圆括号。如图 2 – 16 所示，A 点的 z 坐标值大于 B 点的 z 坐标值，可知 A 点在 B 点上方，B 点为不可见点，其水平投影应加括号。

二、直线的投影

两点确定一条直线。绘制直线段的投影，可先绘制直线段两端点的投影，然后用粗实线将各同面投影连接为直线即可，如图 2 – 17 所示。

1. 空间各种位置直线的投影特性

在三面投影体系中，直线按所处空间位置的不同分为三类：投影面平行线、投影面垂直线、一般位置直线。

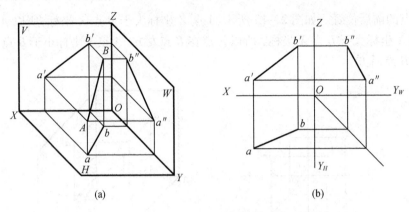

(a)   (b)

图 2 - 17　直线的投影

（1）投影面平行线

平行于一个投影面，倾斜于另外两个投影面的直线称为投影面平行线。与 H 面平行的直线称为水平线，与 V 面平行的直线称为正平线，与 W 面平行的直线称为侧平线。它们的投影及投影特性见表 2 - 1。规定直线与 H、V、W 面的夹角分别用 α，β，γ 表示。

表 2 - 1　投影面平行线的投影特性

名称	轴测图	投影图	投影特性
正平线			1. $a'b'$ 反映实长和 α，γ 角 2. $ab /\!/ OX$，$a''b''/\!/ OZ$，且长度缩短
水平线			1. cd 反映实长和 β，γ 角 2. $c'd' /\!/ OX$，$c''d'' /\!/ OY_W$，且长度缩短
侧平线			1. $e''f''$ 反映实长和 α，β 角 2. $ef /\!/ OY_H$，$e'f'/\!/ OZ$，且长度缩短

投影面平行线的投影共性：直线在所平行的投影面上的投影为一斜线，反映实长，并反

映直线与其他两投影面的倾角。其余两投影小于实长,且平行相应两投影轴。

（2）投影面垂直线

与投影面垂直的直线称为投影面垂直线,它与一个投影面垂直,与另外两个投影面平行。与 H 面垂直的直线称为铅垂线;与 V 面垂直的直线称为正垂线;与 W 面垂直的直线称为侧垂线。它们的投影及特性见表 2-2。

表 2-2 投影面垂直线的投影特性

名称	轴测图	投影图	投影特性
正垂线			1. $a'b'$ 积聚成一点。 2. $ab /\!/ OY_H$,$a''b'' /\!/ OY_W$,且反映实长
铅垂线			1. cd 积聚成一点。 2. $c'd' /\!/ OZ$,$c''d'' /\!/ OZ$,且反映实长
侧垂线			1. $e''f''$ 积聚成一点。 2. $ef /\!/ OX$,$e'f' /\!/ OX$,且反映实长

投影面垂直线的投影共性:直线在所垂直的投影面上的投影积聚为一点,其他两投影反映实长,且垂直于相应的两投影轴。

（3）一般位置直线

一般位置直线与三个投影面都倾斜,因此在三个投影面上的投影都不反映实长,投影与投影轴之间的夹角也不反映直线与投影面之间的夹角,如图 2-18 所示。

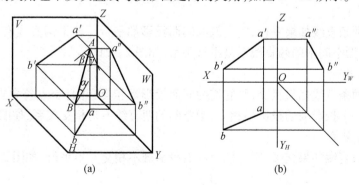

(a)   (b)

图 2-18 一般位置直线

2.直线上点的投影特性

（1）从属性

直线上点的投影必在该直线的同面投影上，该特性称为点的从属性。如图 2-19 所示，C 点在直线 AB 上，根据点在直线上投影的从属性和点的三面投影规律，可知 C 点的三面投影 c,c',c'' 分别在直线的同面投影 $ab,a'b',a''b''$ 上，并且三面投影符合点的投影规律。

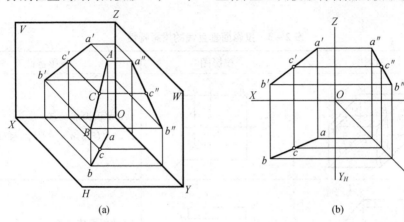

图 2-19　点的从属性

（2）定比性

直线上的点分割直线之比，投影后保持不变，这个特性称为定比性，如图 2-20 所示。

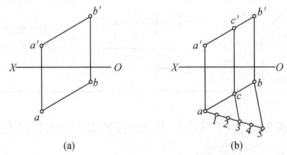

图 2-20　定比性

3.两直线的相对位置

（1）两直线平行

空间中的两条直线如果平行，则它们的同面投影都平行。如果两直线有一个投影面上的投影不平行，则空间中的两直线不是平行关系，如图 2-21 所示。

（2）两直线相交

空间中的两条直线如果相交，则它们的同面投影都相交，并且交点符合点的投影规律。如果两直线有一个投影面的投影不相交，则空间的两直线不是相交关系，如图 2-22 所示。

（3）两直线交叉

空间中两条直线如果交叉，则它们的同面投影既不相交又不平行，如图 2-23 所示。

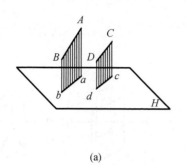
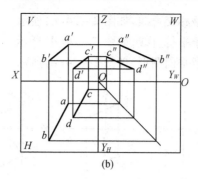

(a)   (b)

图 2 - 21 两直线平行

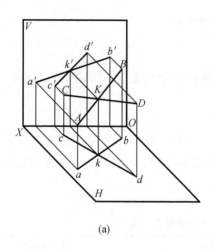
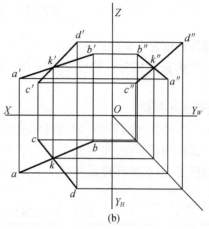

(a)   (b)

图 2 - 22 两直线相交

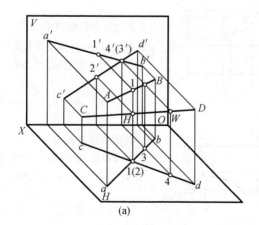
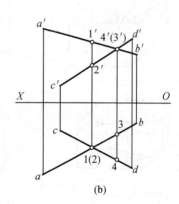

(a)   (b)

图 2 - 23 两直线交叉

三、平面的投影

1. 平面的表示法

平面的几何元素投影表示法包括：

（1）不在同一直线上的三个点，如图 2 - 24(a)所示。

（2）直线和直线外一点，如图 2 - 24(b)所示。

（3）两条相交直线，如图 2-24（c）所示。

（4）两条平行直线，如图 2-24（d）所示。

（5）任意平面图形，如图 2-24（e）所示。

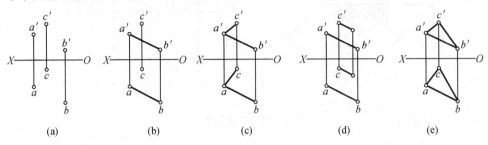

（a）　　　　　（b）　　　　　（c）　　　　　（d）　　　　　（e）

图 2-24　平面的表示

2. 空间各种位置平面的投影特性

平面与投影面的相对位置可分为三种：投影面的平行面、投影面的垂直面和一般位置平面。

（1）投影面平行面

平行于一个投影面的平面，称为投影面的平行面。投影面的平行面有三种情况：与 V 面平行的平面称为正平面；与 H 面平面的平面称为水平面；与 W 面平行的平面称为侧平面。它们的空间位置、投影图和投影特性见表 2-3。

表 2-3　投影面平行面的投影特性

名称	轴测图	投影图	投影特性
正平面			1. V 面投影反映真形 2. H 面投影、W 面投影积聚成直线，分别平行于投影轴 OX，OZ
水平面			1. H 面投影反映真形 2. V 面投影、W 面投影积聚成直线，分别平行于投影轴 OX，OY_W
侧平面			1. W 面投影反映真形 2. V 面投影、H 面投影积聚成直线，分别平行于投影轴 OZ，OY_H

投影面平行面的投影共性：平面在所平行的投影面上的投影反映真实形体，其他两面

投影都积聚成与相应投影轴平行的直线。

（2）投影面垂直面

垂直于一个投影面，倾斜于其他两投影面的平面称为投影面的垂直面。投影面的垂直面有三种情况：与 H 面垂直的平面称为铅垂面，与 V 面垂直的平面称为正垂面，与 W 面垂直的平面称为侧垂面。它们的空间位置、投影图与投影特性见表 2-4 所示。

表 2-4　投影面垂直面的投影特性

名称	轴测图	投影图	投影特性
正垂面	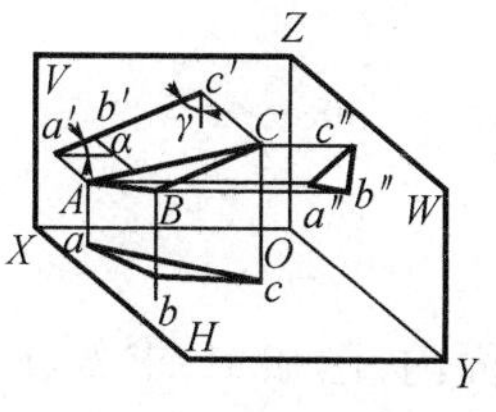	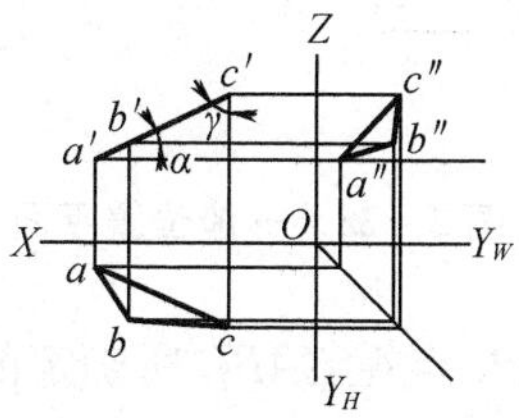	1. V 面投影积聚成一直线，并反映与 H、W 面的倾角 α、γ 2. 其他两个投影为面积缩小的类似形
铅垂面	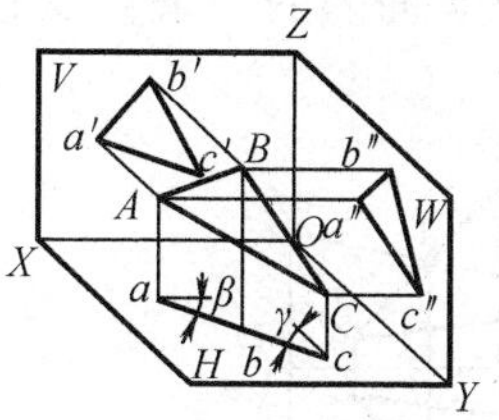	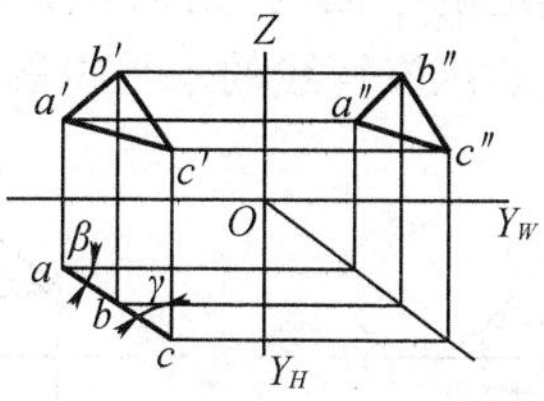	1. H 面投影积聚成一直线，并反映与 V、W 面的倾角 β、γ 2. 其他两个投影为面积缩小的类似形
侧垂面	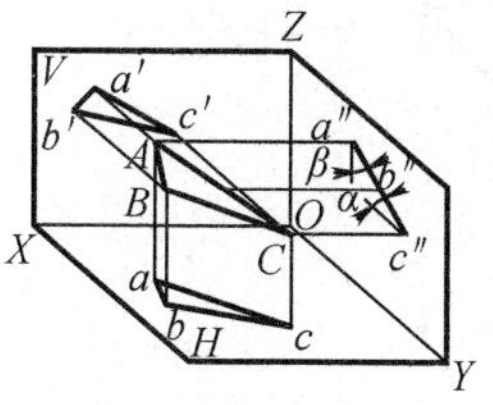	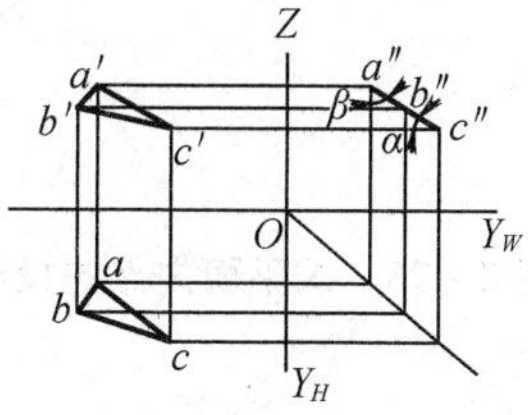	1. W 面投影积聚成一直线，并反映与 H、V 面的倾角 α、β 2. 其他两个投影为面积缩小的类似形

投影面垂直面的投影共性：平面在所垂直的投影面上的投影积聚为直线，其他两面投影为类似形。

（3）一般位置平面

一般位置平面与三个投影面都倾斜，如图 2-25 所示。因此在三个投影面上的投影都不反映实形，而是缩小的类似形。

3. 平面内的点和直线

（1）平面内的点

点在平面内的几何条件：点在平面内，则该点必在平面的某一直线上。

在平面内取点，当点所处的平面投影具有积聚性时，可利用积聚性直接求出点的各面投影；当点所处的平面为一般位置平面时，应先在平面上作一条辅助直线，然后利用辅助直线的投影求得点的投影。

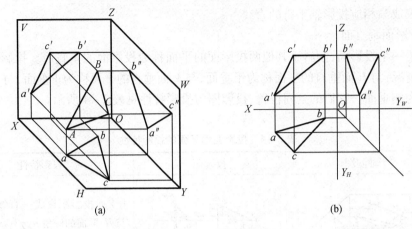

图 2 - 25　一般位置平面

[**例** 2 - 3]　如图 2 - 26 所示,K 点在 △ABC 所确定的平面内,已知 k',求 k 点的投影。

分析:既然 K 点在 △ABC 所确定的平面内,则 K 点必在该平面内的一条直线上,该直线的正面投影必通过 k' 点,所以 k 点必在该直线的水平投影上。

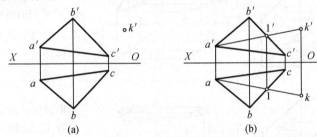

图 2 - 26　求平面内点的投影

作图步骤:

①如图(b)所示,连接 $a'k'$ 交 $b'c'$ 为 $1'$,由 $1'$ 作 X 轴垂线与水平投影 bc 交于 1 点,连接 $a1$ 并延长;

②由 k' 作 X 轴垂线与水平投影 $a1$ 的延长线交于 k 点,该点即为平面内 K 点的水平投影。

(2)平面内的直线

直线在平面内的几何条件:直线在平面上,则必通过该平面上的两点,或者通过平面内的一点且平行于平面上的已知直线,如图 2 - 27 所示。

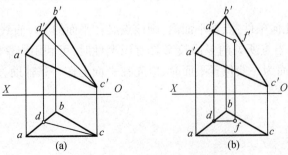

图 2 - 27　平面内的直线

第四节　基本几何体投影

立体的形状是各种各样的,但任何复杂立体都可以分析成是由一些简单的几何体组成,如棱柱、棱锥、圆柱、圆锥、球体等,这些简单的几何体统称为基本几何体。

根据基本几何体表面的几何性质,它们可分为平面立体和曲面立体。立体表面全是平面的立体称为平面立体;立体表面全是曲面或既有曲面又有平面的立体称为曲面立体。

一、平面立体投影

平面立体的各个边都是平面多边形,用三面投影图表示平面立体,可归纳为画出围成立体的各个表面的投影,或者是画出立体上所有棱线的投影。注意作图时可见棱线应画成粗实线,不可见棱线应画成虚线。

1. 五棱柱

如图 2-28 所示,分析五棱柱如下:

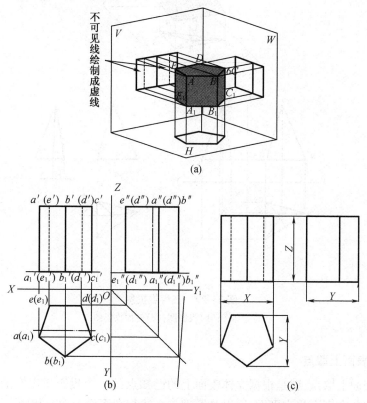

图 2-28　五棱柱投影
(a)立体图;(b)五棱柱的投影;(c)三面投影图

五棱柱的顶面和底面平行于 H 面,它在水平面上的投影反映真形且重合在一起,而他们的正面投影及侧面投影分别积聚为水平方向的直线段。

五棱柱的后侧棱面 EE_1D_1D 为一正平面,在正平面上投影反映其真形,EE_1,DD_1 直线在正面上投影不可见,其水平投影及侧面投影积聚成直线段。

五棱柱的另外四个侧棱面都是铅垂面,其水平投影分别汇聚成直线段,而正面投影及侧面投影均为比实形小的类似体。

投影图如图2-28所示,立体图形距离投影面的距离不影响各投影图形的形状及它们之间的相互关系。为了作图简便、图形清楚,在以后的作图中省去投影轴。

2. 三棱锥

如图2-29所示,分析三棱锥如下:

三棱锥的底面ABC平行于平面H,在水平投影上反映真实形状;BCS垂直于V面,在正平面上投影为一条直线。作图时应先画出底面△ABC的三面投影,再作出锥顶S的三面投影,然后连接各棱线,完成斜三棱柱的三面投影图。棱线可见性则需要通过具体情况分析进行判断。

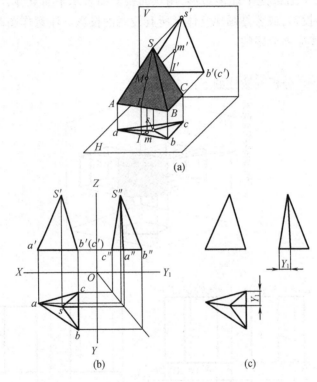

图2-29 三棱锥投影
(a)立体图;(b)投影图;(c)三面投影图

二、棱柱表面上取点

在立体表面上取点,就是根据立体表面上的已知点的一个投影求出它的另外投影。由于平面立体的各个表面均为平面,所以其原理与方法与在平面上取点相同。

1. 正六棱柱上取点

如图2-30中为正六棱柱的三面投影图,正六棱柱的顶面和底面为水平面,前后两侧棱柱面为正平面,其他四个侧棱面均为铅垂面。正六棱柱的前后对称,左右也对称。

若已知六棱柱表面M点的正面投影m',六棱柱底面上N点的水平投影n,求M,N两点其余投影。求M点投影,如图2-30所示,首先确定M点在哪一个棱面上,由于M点可见,故M点属于六棱柱左前棱面,此棱面为铅垂面,水平投影具有积聚性,因此可由m'向下作辅助线直接求出水平投影 m，再借助投影关系求出侧面投影 m''。求 N 点投影，如图 2-30 所示，确定 N 点所在面，水平投影不可见，可知 N 点位于下端面，此面是水平面在正平面和侧平面上投影具有积聚性，所以可直接求得 N 点的其他投影。

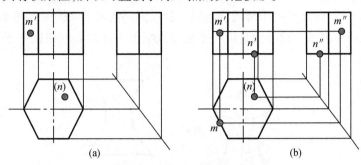

图 2-30 正六棱柱上点的投影

(a)已知;(b)作图求解

2. 三棱锥取点

如图 2-31 中所示，三棱柱底面 ABC 平面为水平面，BCS 面为侧垂面。

若已知三棱锥表面上两点 M 和 N 的正面投影，求其水平投影和侧面投影。求 M 点的水平投影和侧面投影，从所给出的 M 点的正面投影不可见，可知 M 点位于 BCS 面上，BCS 面为侧垂面在侧面投影上具有积聚性，我们可以直接得出 m''，利用投影关系可求得 m。求 N 点的水平投影和侧面投影，分析 N 点位于 SAC 面上，可过 N 点作辅助直线 $S1$，可求得 $S1$ 的水平投影和正面投影，N 属于 $S1$ 上的一点，可使用求直线上一点的方法求得 N 点水平投影，使用投影关系求得侧面投影，如图 2-31 所示。

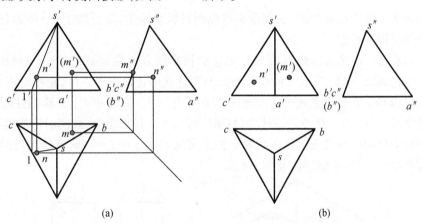

图 2-31 三棱锥上点的投影

(a)已知;(b)作图求解

三、回转体投影

常见的曲面立体有圆柱、圆锥、球、圆环等，这些立体表面上的曲面都是回转面，因此又称它们为回转体。

回转面的形成如图 2-32 所示：

回转面是由一条母线(直线或是曲线)绕某一轴线回转而形成的曲面，母线在回转过程中的任意位置称为素线;母线各点运行轨迹皆为垂直于回转体轴线的圆。

圆柱:由圆柱面和两端圆平面组成。圆柱面是一直线绕与之平行的轴线旋转而成。

圆锥:由圆锥面和底圆平面组成。圆锥面是由母线绕与它端点相交的轴线回转而成。

球:由球面围成,球面是一个母线绕过圆心且在同一平面上的轴线回转而成的曲面。

圆环:由圆环面围成。圆环面是由一个圆母线绕不通过圆心但在同一平面上的轴线回转而成的曲面。

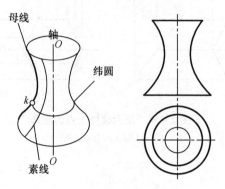

图 2 - 32　回转面的形成

1. 圆柱

(1)圆柱的投影

如图 2 - 33 所示,为三投影面体系中的圆柱,分析图形可知:

圆柱体的上下底面为水平面,故水平投影为圆,反映真实图形,而其正、侧面投影为直线。

圆柱面水平投影积聚为圆,正面投影和侧面投影为矩形,矩形的上、下两边分别为圆柱上下端面的积聚性投影。

最左侧素线 AA_1 和最右侧素线 BB_1 的正面投影线分别为 $a'a_1'$ 和 $b'b_1'$,又称圆柱面对 V 面的投影的轮廓线。AA_1 与 BB_1 的正面投影与圆柱线的正面投影重合,画图时不需要表示。

最前素线 CC_1 和最后素线 DD_1 的侧面投影线分别为 $c''c_1''$ 和 $d''d_1''$,又称圆柱面对 W 面的投影的轮廓线。CC_1 与 DD_1 的正面投影与圆柱线的正面投影重合,画图时不需要表示。

作图时应先用点画线画出轴线的各个投影及圆的对称中心线,然后绘制反映圆柱底面实形的水平投影,最后绘制正面及侧面投影。

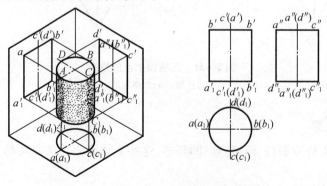

图 2 - 33　圆柱投影立体图及三面投影图

（2）圆柱表面上的点

如图 2-34 所示已知圆柱表面上的一点 M 在正面上的投影为 m'，现作它的其余二投影。

由于圆柱面上的水平投影有积聚性，因此点 M 的水平投影应在圆周上，因为 m' 可见所以点 M 在前半个圆柱上，由此得到 M 的水平投影 m，然后根据 m'、m 便可求得点 M 的侧面投影 m''，因点 M 在右半圆柱上，m'' 不可见，应加括号表示不可见性。A、B 两点分别在圆柱最前、最右素线上，其三面投影如图 2-34 所示。

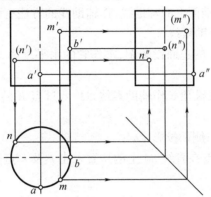

图 2-34　圆柱表面上的点的投影

2. 圆锥

（1）圆锥的投影

如图 2-35 所示，为三面投影体系中的圆锥，分析图形可知：

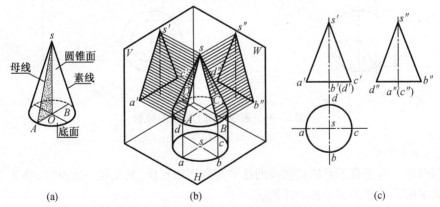

图 2-35　圆锥体立体投影图及三面投影图

圆锥的水平投影为一个圆，这个圆既是圆锥平行于 H 面的底圆的实形，又是圆锥面的水平投影；

圆锥面的正面投影与侧面投影都是等腰三角形，三角形的底边为圆锥底圆平面有积聚性的投影。

正面投影中三角形的左右两腰 $s'a'$ 和 $s'c'$ 分别为圆锥面上最左素线 SA 和最右素线 SC 的正面投影，又称为圆锥面对 V 面投影的轮廓线，SA 和 SC 的侧面投影与圆锥轴线的侧面投影重合，作图时不需要表示。

侧面投影中三角形的前后两腰 $s''b''$ 和 $s''d''$ 分别为圆锥面上最前素线 SB 和最后素线 SD 的侧面投影,又称为圆锥面对 W 面投影的轮廓线,SB 和 SD 的正面投影与圆锥轴线的正面投影重合,画图时不需要表示。

作图时应首先用点画线画出轴线的各个投影及圆的对称中心线,然后画出水平投影上反映圆锥底面的圆,完成圆锥的其他投影,最后加深可见线。

(2)圆锥表面上的点

由于圆锥的三个投影都没有积聚性,因此,若根据圆锥面上点的一个投影求做该点的其他投影时,必须借助于圆锥面上的辅助线,作辅助线的方法有两种,如图 2-36 所示:

①素线法　过锥顶作辅助素线

已知圆锥面上的一点 K 的正面投影 k',求作它的水平投影 k 和侧面投影 k''。解题步骤如下:

a. 在圆锥面上过点 K 及锥顶 S 作辅助素线 SA,即过点 K 的已知投影 k' 作 $s'a'$,并求出其水平投影 sa;

b. 按"宽相等"关系求出侧面投影 $s''a''$;

c. 判断可见性:根据 k' 点在直线 SA 上的位置求出 k 及 k'' 点的位置,K 在左半圆锥上,所以 k'' 可见。

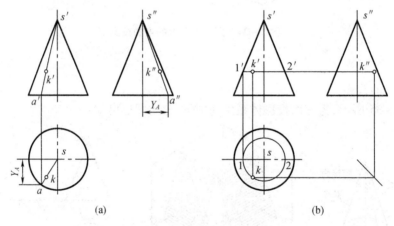

图 2-36　圆锥表面上的点的投影

(a)素线法;(b)纬圆法

②纬圆法　用垂直于回转体轴线的截平面截切回转体,其交线一定是圆,称为"纬圆",通过纬圆求解点位置的方法称为纬圆法。

已知圆锥面上的一点 K 的正面投影,求解其他两个方向投影。解题步骤如下:

a. 在圆锥面上过 K 点做水平纬圆,其水平投影反映真实形状,过 k' 做纬圆的正面投影 $1'2'$,即过 k' 作轴线的垂线 $1'2'$;

b. 以 $1'2'$ 为直径,以 s 为圆心画圆,求得纬圆的水平投影 12,则 k 必在此圆周 12 上;

c. 由 k' 和 k 通过投影关系求得 k''。

3.球

(1)球的投影

如图 2-37 所示,为三投影面体系中的球,分析可知:

球的三面投影均为大小相等的圆,其直径等于球的直径,但三个投影面上的圆是不同转向线的投影。

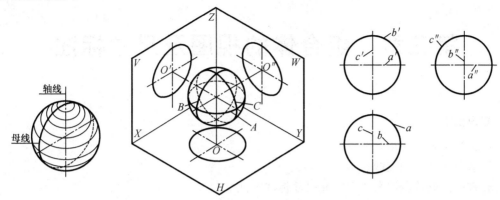

图 2－37　球体的立体投影图及三面投影

正面投影 a' 是球面平行于 V 面的最大圆 A 的投影(区分上、下半球表面的外形轮廓线);

水平投影 b 是球面平行于 H 面的最大圆 B 的投影(区分前、后半球表面的外形轮廓线);

侧面投影 c'' 是球面平行于 W 面的最大圆 C 的投影(区分左、右半球表面的外形轮廓线)。

作图时首先用点画线画出各投影的对称中心线,然后画出与球等直径的圆。

(2)球面上取点

如图 2－38 所示,由于圆的三个投影都无积聚性,所以在球面上取点、线,除特殊点外可直接求出,其余均需用辅助圆画法,并注明可见性。

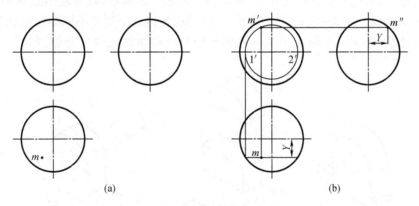

(a)　　　　　　　　　　　　　　　(b)

图 2－38　球面上点的投影

(a)已知;(b)作图求解

已知圆球和球面上一点 M 的水平投影 m,求点 M 的其余两个投影面投影,作图方法如下:

根据 m 可确定点 M 在上半球面的左前部,过 M 点作一平行于 V 的辅助圆,m' 点一定在该圆周上,求得 m',由点 M 在前半球上,可知 m' 可见;

由 m' 及 m 根据三面点投影关系求得 m'',由点 M 在左半球上可知 m'' 可见。

第三章 组合体的视图及尺寸标注

知识目标

1. 熟悉组合体的组合形式。
2. 掌握立体表面交线投影。
3. 掌握正确绘制组合体投影和尺寸标注方法。
4. 掌握正确识读组合体视图方法。

能力目标

1. 能应用形体分析法正确绘制组合体投影和尺寸标注。
2. 能应用形体分析法正确识读组合体视图。

工程常见的组合体,以其几何形状分析,都可以看成由若干个基本形体(如柱、锥、球体等)按一定的连接方式组合而成的。由两个或两个以上基本形体组成的型体,称为组合体。

第一节 概 述

一、形体分析法

任何复杂的物体,从形体角度看,都可认为是由若干基本形体(如柱、锥、球体等)按一定的连接方式构成。图 3 – 1(a)中的轴承座,可看成是由两个尺寸不同的四棱柱和一个半圆柱叠加起来后,切去一个较大圆柱体和两个较小圆柱体而成的组合体,如图 3 – 1(b),(c)所示。

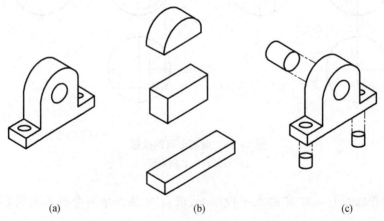

(a)   (b)   (c)

图 3 – 1 轴承座的形体分析

既然如此,画组合体的三视图时,就可采用"先分后合"的方法。就是说,先在想象中将组合体分解成若干基本形体,然后按其相对位置逐个画出各基本形体的投影,综合起来,即得到整个组合体的视图。这样,就可把一个复杂的问题,分解成几个简单的问题加以解决。

综上所述,通过分析,将物体分解成若干个基本形体,并搞清它们之间相对位置和组合形式的方法,称为形体分析法。是画图和读图的基本方法。

二、组合体的组合形式

组合体的组合形式,可粗略地分为叠加型、切割型和综合型三种。讨论组合体的组合形式,关键是搞清相邻两形体间的接合形式,以利于分析接合处分界线的投影。

1.叠加型

叠加型是两形体组合的基本形式,按照形体表面接合的方式不同,又可细分为堆积、相切和相贯等。

(1)堆积

两形体以平面相接合,称为堆积。它们的分界线为直线或平面曲线。画这种组合形式的视图,实际上是将两个基本形体的投影,按其相对位置堆积。此时,应注意区分分界处的情况:

——当两形体的表面不平齐时,中间应该画线,如图3-2(b)所示;

——当两形体的表面平齐时,中间不应该画线,如图3-3(b)所示。

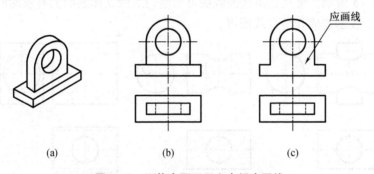

图3-2 两体表面不平齐中间应画线

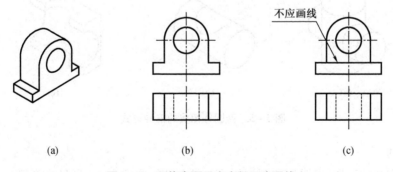

图3-3 两体表面平齐中间不应画线

(2)相切

图3-4(a)中的物体由耳板和圆筒组成。耳板前后两平面与左右两大小圆柱面光滑连接,这就是相切。

在图示情况下,柱轴是铅垂线,柱面的水平面投影有积聚性。因此,耳板前后平面和柱面相切于一直线的情况,在水平面投影中就表现为直线和圆弧的相切;在正面和侧面投影中,该直线的投影不应画出。即二面相切处不画线,耳板上表面的投影只画至切点处,如图3－4(b)中的 a′,a″和 c″。图3－4(c)是错误的画法。

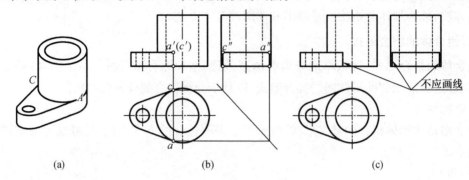

图3－4　两体表面相切的画法

注意:相切无交线,投影画到切点处。

(3)相贯

两立体表面相交称为相贯,相交处的交线称为相贯线(详见本章第二节)。以两圆柱相贯为例,如图3－5所示。可见相贯线的画法可归结为求两立体表面共有点的问题。依次将各共有点的同面投影连成光滑曲线即可。

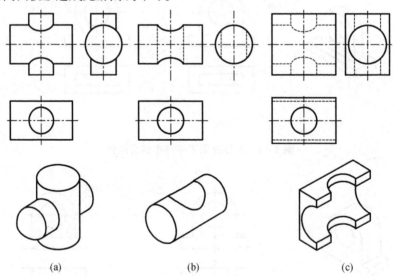

图3－5　两圆柱相贯的三种形式

2. 切割型

对于不完整的形体,以采用切割型的概念对它进行分析为宜(详见本章第二节)。如图3－6所示形体,可看成由四棱柱经切割而成。先画完整的四棱柱投影,再逐一画出被切割部分的投影。

3. 综合型

图3－7(a)中的组合体,既有叠加又有切割,属综合型。画图时,一般可先画叠加各形体的投影,再画被切割形体的投影。图3－7(b)中的三视图,就是按底板、四棱柱叠加后,

再切半圆柱、两个 U 形柱和一个小圆柱的顺序画出的。

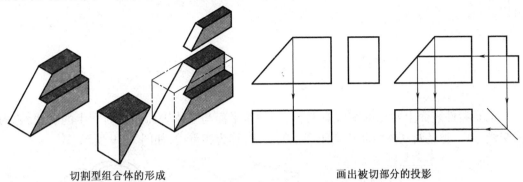

切割型组合体的形成　　　　　　　　　　　　　画出被切部分的投影

图 3 - 6　四棱柱被切割后的投影

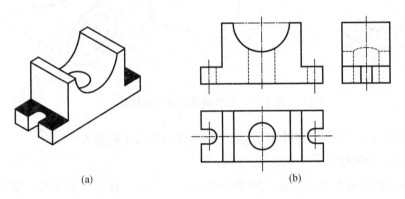

(a)　　　　　　　　　　　　　　　　　(b)

图 3 - 7　综合型组合体的三视图画法

三、常见的简单形体

对于一些常见的简单组合体,可以直接把它们作为构成组合体的简单体,而不必再分解,如图 3 - 8 所示。

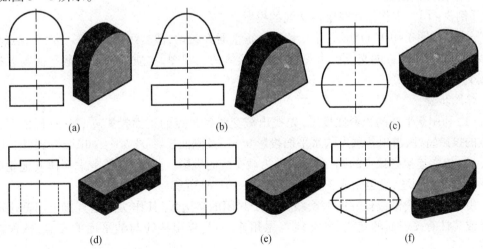

(a)　　　　　　　　(b)　　　　　　　　(c)

(d)　　　　　　　　(e)　　　　　　　　(f)

图 3 - 8　常见的简单形体

综上所述,熟练地运用形体分析法,对画图、读图和标注尺寸都非常有益。但在实际应用时,对那些简单清楚或实难分辨的形体,也没必要硬性分解,只要能正确地作出其投影就可以。

第二节　立体表面的交线

机器零件表面上常见的交线有两种,一种是平面与立体表面相交而产生的交线,称为截交线;另一种是两立体表面相交而产生的交线,称为相贯线,如图 3 – 9 所示。

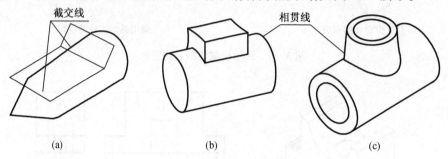

图 3 – 9　机件表面上常见的交线

为了清楚地表达出机件的形状,这些交线的投影必须正确地表达出来。

一、平面与立体相交

切割立体的平面称为截平面。截平面与立体表面的交线称为截交线。截交线是截平面与物体表面的共有线,且一定是闭合的平面图形。因此,求截交线的实质就可归结为求截平面与物体表面的全部共有点的问题。

当截平面垂直于某投影面时,可利用截平面的积聚性投影,直接判定截交线在该投影面的投影范围;再以此出发,按表面求点的方法求出其余两面投影。

1. 平面切割棱锥

[**例 3 – 1**]　求作正六棱锥截交线的投影。

分析:如图 3 – 10(a)所示,正六棱锥被正垂面 P 截切,截交线是六边形。六个顶点分别是截平面与六条侧棱的交点。可见,画此类形体的三视图,实质上就是求截平面与各被截棱线交点的投影。

作图步骤:

(1)利用截平面的积聚性投影,先找出截交线各顶点的正面投影 a', b'…;再依据直线上点的投影特性,求出各顶点的水平面投影 a, b…及侧面投影 a'', b''…,如图 3 – 10(b)所示。

(2)依次连接各顶点的同面投影,即为截交线的投影。此外,还需考虑形体其他轮廓线投影的可见性问题,直至完成三视图,如图 3 – 10(c)所示。

由此可见:棱锥或棱柱的截交线是一个封闭的多边形,其作法一是直接求出截平面与棱锥或棱柱有关表面的交线,各交线首尾相连;二是求出棱线与截平面的交点,依次连接即可。

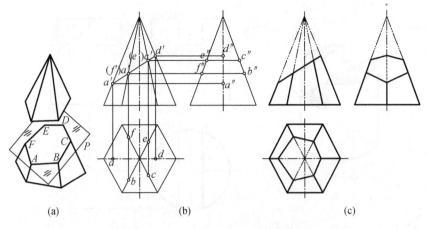

图 3 - 10 切割正六棱锥的视图画法

2. 平面切割圆柱

截平面与圆柱轴线的相对位置不同时,其截交线有三种不同的形式,见表 3 - 1 所示。

表 3 - 1 截平面和圆柱轴线的相对位置不同时所得的三种截交线

截平面的位置	与轴线平行	与抛线垂直	与轴线倾斜
轴测图			
投影			
截交线的形状	矩形	圆	椭圆

[例 3 - 2] 画出圆柱开槽的三视图。

分析:如图 3 - 11(a)所示,圆柱开槽部分是由两个侧平面和一个水平面截切而成的,圆柱面上的截交线(AB,CD,BF,DE…)都分别位于被切出的各个平面上。由于这些面均为投影面平行面,其投影具有积聚性,因此,截交线的投影应依附于这些面的投影,不需另行求出。

作图:先画出完整圆柱的三视图,按槽宽、槽深依次画出正面和水平面投影;再依据点、直线、平面的投影规律求出侧面投影,作图步骤如图 3 - 11 (b)所示。

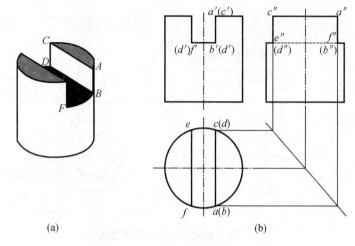

图 3-11　圆柱开槽的三视图画法

作图时,应注意以下两点:

①因圆柱的最前、最后素线均在开槽部位被切去,故左视图中的外形轮廓线,在开槽部位向内"收缩",其收缩程度与槽宽有关,槽越宽,收缩越大。

②注意区分槽底侧面投影的可见性,即槽底是由两段直线、两段圆弧构成的平面图形,其侧面投影积聚成直线,中间部分($b''{\rightarrow}d''$)是不可见的,用细虚线表示。

3. 平面切割圆锥

截平面与圆锥的相对位置不同时,其截交线有以下 5 种不同的形状,见表 3-2 所示。

截交线为直线和圆时,画法比较简单。而截交线为椭圆、抛物线和双曲线时,则须先求出若干个共有点的投影,然后用曲线板依次光滑地连接各点,获得截交线的投影。

由于圆锥面的三个投影都没有积聚性,求共有点的投影一般可采用辅助素线法或辅助平面法。

表 3-2　圆锥体的截交线

截平面位置	垂直于轴线	过锥顶	倾斜于轴线 $\theta < \alpha$	平行于轴线 $\theta = 90°$ 或 $\theta > \alpha$	$\theta = \alpha$
截交线形状	圆	等腰三角形	椭圆	双曲线和直线段	抛物线和直线段
立体图					
投影图					

[**例3-3**]　用辅助素线法求圆锥的截交线。

图3-12(a)为圆锥被倾斜于轴线的平面截切,截交线为椭圆。

分析:截交线上任一点 M ,可看成是圆锥表面某一素线 $S1$ 与截平面 P 的交点,如图3-12(a)所示。因 M 点在素线 $S1$ 上,故 M 点的三面投影分别在该素线的同面投影上。由于截平面 P 为正垂面,截交线的正面投影积聚为一直线,故需求作截交线的水平面投影和侧面投影。

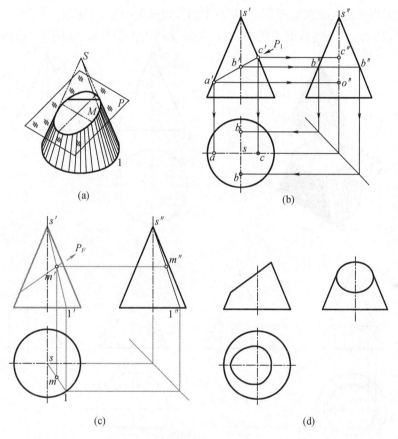

图3-12　用辅助素线法求圆锥的截交线

作图步骤:

①求特殊点。 c 为最高点,根据 c' 可作出其余两面投影 c 及 c'' ; A 为最低点,根据 a' 可作出其余两面投影 a 及 a'' ; B 为最前、最后点,根据 b' 可作出 b'' 进而 b ,如图3-12(b)所示。

②利用辅助素线法求一般点。作辅助素线 $s'1'$ 与截交线的正面投影相交,得 m' ,求出辅助素线的其余两面投影 $s1$ 及 $s''1''$,进而求出 m 和 m'' ,如图3-12(c)所示。

③将求出的各点依次连成光滑的曲线,即为截交线的投影,如图3-12(d)所示。

[**例3-4**]　用辅助平面法求圆锥的截交线。

图3-13(a)为圆锥被平行于轴线的平面截切,截交线为双曲线。

分析:作垂直于圆锥轴线的辅助平面 Q 与圆锥面相交,其交线为圆。此圆与截平面 P 相交得 II 、 IV 两点, II 、 IV 两点是圆锥面、截平面 P 和辅助平面 Q 三个面的共有点,当然也是截交线上的点,如图3-13(a)所示。由于截平面 P 为正平面,截交线的水平面投影和侧面投影分别积聚为一直线,故只须作出正面投影。

作图步骤:

①求特殊点。Ⅲ为最高点,根据侧面投影3″,可作出其余两面投影3及3′;Ⅰ,Ⅴ为最低点,根据水平面投影1及5,可作出其余两面投影1′,5′及1″,5″,如图3-13(b)所示。

②利用辅助平面法求一般点。作辅助平面Q与圆锥相交,交线是圆(称为辅助圆);辅助圆的水平面投影与截平面的水平面投影相交于2和4,即为所求共有点的水平面投影;根据水平面投影再求出其余两面投影2′,4′及2″,4″,如图3-13(c)所示。

③将1′,2′,3′,4′,5′连成光滑的曲线,即为截交线的正面投影,如图3-13(d)所示。

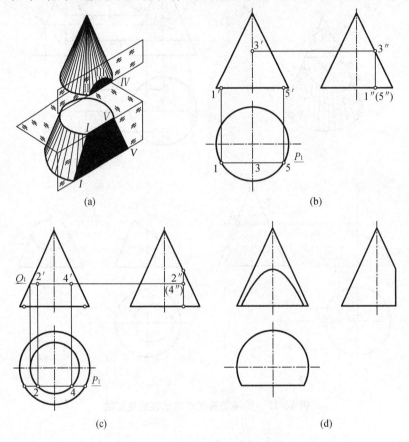

图3-13 用辅助平面法求圆锥的截交线

4.平面切割圆球

圆球被任意方向的平面截切,其截交线都是圆。当截平面为投影面平行面时,截交线在所平行的投影面上的投影为圆,其余两面投影积聚成直线,如图3-14所示。该直线的长度等于圆的直径,其直径的大小与截平面至球心的距离B有关。

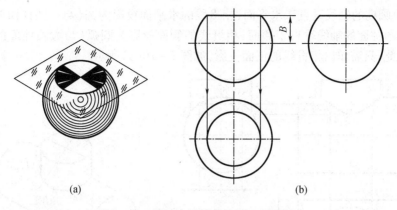

(a)　　　　　　　　　　　　(b)

图 3 – 14　球被水平面截切的三视图画法

[例 3 – 5]　画出半圆球开槽的三视图。

分析:如图 3 – 15(a)所示,由于半圆球被两个对称的侧平面和一个水平面截切,所以两个侧平面与球面的截交线,各为一段平行于侧面的圆弧,而水平面与球面的截交线为两段水平的圆弧。

作图步骤:首先画出完整半圆球的三视图;再根据槽宽和槽深依次画出正面、水平面和侧面投影。作图的关键在于确定圆弧半径 R_1 和 R_2,具体作法如图 3 – 15(b)(c)所示。

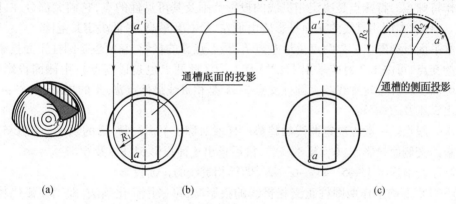

通槽底面的投影

通槽的侧面投影

(a)　　　　　　　　　(b)　　　　　　　　　(c)

图 3 – 15　半圆球开槽的三视图画法

二、立体与立体相交

两立体表面相交称为相贯,相交处的交线称为相贯线。可见的相贯线用粗实线绘制,不可见的相贯线用细虚线绘制。相贯线具有以下性质。

(1)共有性　相贯线是两回转体表面上的共有线,也是两回转体表面的分界线,所以相贯线上所有的点,都是两回转体表面上的共有点。

(2)封闭性　一般情况下,相贯线是封闭的空间曲线,在特殊情况下是平面曲线或直线。

根据相贯线的性质,相贯线的作法可归结为求两回转体表面共有点的问题。只要作出两回转体表面上一系列共有点的投影,再依次将各点的同面投影连成光滑曲线即可。

下面以图 3 – 16 为例,介绍两圆柱正交时,求作相贯线的一般方法。

[例 3 – 6]　圆柱与圆柱正交,求作相贯线的投影。

分析:小圆柱的轴线垂直于水平面,相贯线的水平面投影为圆(与小圆柱面的积聚性投影重合),大圆柱面的轴线垂直于侧面,相贯线的侧面投影为圆弧(与大圆柱面的积聚性投影重合),因此,只需作出相贯线的正面投影,如图 3 – 16(a)所示。

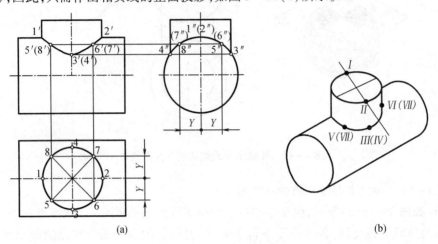

(a)   (b)

图 3 – 16 两圆柱正交的相贯线画法

作图步骤:

①作特殊点。特殊点是决定相贯线的投影范围及其可见性的点,它们大部分在外形轮廓线上。显然,本例相贯线的正面投影应由最左、最右及最高、最低决定其范围。

由水平面投影看出 1,2 两点是最左点 I 、最右点 II 的投影,它们也是圆柱正面投影外形轮廓线的交点,可由 1,2 对应出 1″(2″) 及 1′,2′(此两点也是最高点);由侧面投影看出,小圆柱侧面投影外形轮廓线与大圆柱交点 3″,4″是相贯线最低点 III, IV 的投影,由 3″,4″直接对应求出 3,4 及 3′(4′)。

②求一般点。一般点决定曲线的趋势。任取对称点 V, VI, VII, VIII 的水平面投影 5,6,7,8,然后求出其侧面投影 5″(6″) 及 8″(7″),最后求出正面投影 5′(8′) 及 6′(7)。

③顺序光滑连接 1′→5′→3′→6′→2′,即得相贯线的正面投影。

当不需要准确求作两圆柱正交相贯线的投影时,可采用简化画法,即用圆弧代替其相贯线。具体画法是,以大圆柱的半径为半径画弧即得,如图 3 – 17 所示。

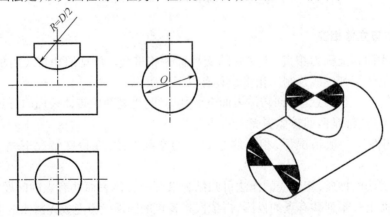

图 3 – 17 两圆柱正交相贯线的简化画法

当圆筒上钻有圆孔时(图 3 - 18),则孔与圆筒外表面及内表面均有相贯线。

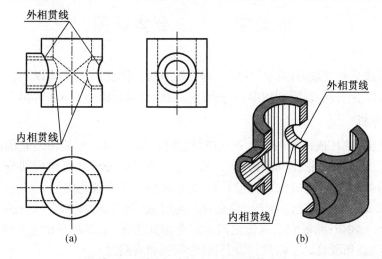

图 3 - 18　孔与孔相交时相贯线的画法

在内表面产生的交线,称为内相贯线。内相贯线和外相贯线的画法相同。

在图示情况下,采用简化画法时,内相贯线的投影应以大圆柱内孔的半径为半径画弧,因为该相贯线的投影不可见,所以画成细虚线。

两回转体相交,在一般情况下表面交线为空间曲线。但在特殊情况下,其交线则为平面曲线或直线,如图 3 - 19 所示。

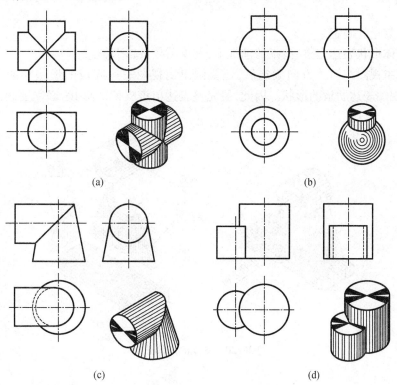

图 3 - 19　相贯线为非空间曲线的示例

第三节　画组合体视图

形体分析法是使复杂形体简单化的一种思维方法。因此画组合体视图,一般采用形体分析法。下面结合图例,说明利用形体分析法绘制组合体视图的方法和步骤。

一、形体分析

拿到组合体实物(或轴测图)后,首先应对它进行形体分析,要搞清楚它的前后、左右和上下等六个面的形状,并根据其结构特点,想一想大致可以分成几个组成部分,它们之间的相对位置关系如何,是什么样的组合形式等,为后面的工作准备条件。

图3-20(a)为支架,按它的结构特点可分为底板、圆筒、肋板和支承板四个部分,如图3-20(b)所示。底板、肋板和支承板之间的组合形式为叠加;支承板的左右两侧面和圆筒外表面相切;肋板和圆筒属于相贯,其相贯线为圆弧和直线。

二、视图选择

视图选择的内容包含主视图的选择和视图数量的确定。

1. 主视图的选择

主视图是表达组合体的一组视图中最主要的视图。通常要求主视图能较多地反映物体的形体特征。就是说,要反映各组成部分的形状特点和相互关系。

图3-20(a)中的支架,从箭头方向投射所得视图,满足了上述的基本要求,可作为主视图。

2. 视图数量的确定

在组合体形状表达完整、清晰的前提下,其视图数量越少越好。

支架的主视图按箭头方向确定后,还要画出俯视图表达底板的形状和两孔的中心位置,画出左视图表达肋板的形状。因此,要完整表达出该支架的形状,必须要画出主、俯、左三个视图。

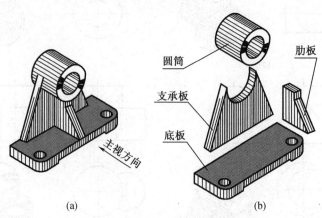

(a)　　　　　　　　(b)

图3-20　支架的形体分析

三、画图的方法与步骤

1. 选比例,定图幅

视图确定以后,便要根据组合体的大小和复杂程度,选定作图比例和图幅。要尽量选用 1:1 的比例,所选的图纸幅面要比绘制视图所需的面积大一些,以便标注尺寸和画标题栏。

2. 布置视图

布图时,应将视图匀称地布置在幅面上,对于复杂的形体其视图应放在幅面中略偏左的位置上。视图间的空当应保证能标注全所需的尺寸。

3. 绘制底稿

支架的画图步骤如图 3 – 21 所示。

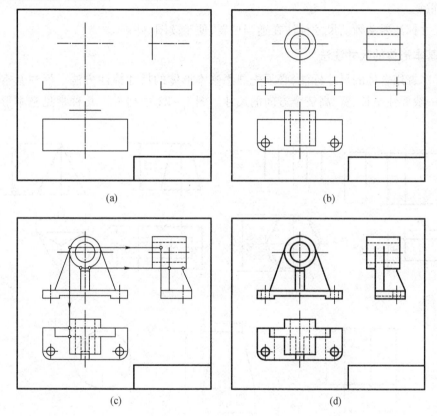

(a)　　　　　　　　　　　　(b)

(c)　　　　　　　　　　　　(d)

图 3 – 21　支架的画图步骤

为了迅速而正确地画出组合体的三视图,画底稿时,应注意以下两点:

(1)画图的先后顺序,一般应从形状特征明显的视图入手。先画主要部分,后画次要部分;先画可见部分,后画不可见部分;先画圆或圆弧,后画直线。

(2)画图时,物体的每一组成部分,最好是三个视图配合着画。就是说,不要先把一个视图画完再画另一个视图。这样,不但可以提高绘图速度,还能避免多线、漏线。

4. 检查描深

底稿完成后,应认真进行检查:在三视图中依次核对各组成部分的投影对应关系正确与否;分析清楚相邻两形体衔接处的画法有无错误,是否多线、漏线;再以实物或轴测图与三视图对照,确认无误后,描深图线,完成全图,如图 3－21(d)所示。

第四节　组合体的尺寸标注方法

视图只能表达组合体的结构和形状,而形体的真实大小和相对位置,要靠尺寸来确定。标注组合体尺寸的基本要求是正确、完整、清晰。

1.尺寸标注要正确。所标注尺寸必须符合国家标准有关尺寸注法的规定,注写的尺寸数字要准确。

2.尺寸标注要完整。所标注尺寸必须确定组合体中各基本形体的大小和相对位置,无遗漏,无重复。

3.尺寸标注要清晰。尺寸标注在适当位置,便于读图。

一、基本形体的尺寸注法

为了掌握组合体的尺寸标注,必须先熟悉基本形体的尺寸标注方法。标注基本形体的尺寸时,一般要注出长、宽、高三个方向的尺寸。图 3－22 中列举了几种常见基本形体的尺寸注法。

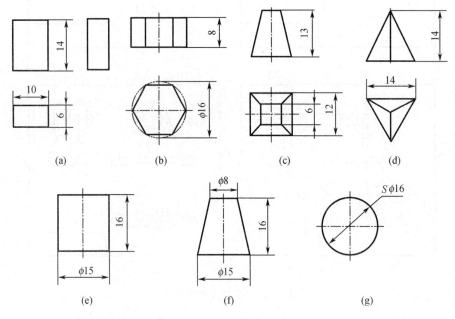

图 3－22　基本形体的尺寸注法

对于回转体的直径尺寸,尽量注在不反映圆的视图上,既便于读图,又可省略视图。如图 3－22(e)(f)(g)所示,圆柱、圆台、圆球均用一个视图即可。

二、组合体的尺寸标注

1.尺寸种类

为了将尺寸标注得完整,在组合体视图上,一般需标注下列几类尺寸:

(1)定形尺寸　确定组合体各组成部分的长、宽、高三个方向的大小尺寸;

（2）定位尺寸　确定组合体各组成部分相对位置的尺寸；

（3）总体尺寸　确定组合体外形的总长、总宽、总高尺寸。

2.尺寸基准及其选择

确定尺寸位置的点、直线、平面称为尺寸基准。组合体有长、宽、高三个方向的尺寸，每个方向至少有一个尺寸基准，以它来确定基本形体在该方向的相对位置。标注尺寸时，通常以组合体的底面、端面、对称面、回转体轴线等作为尺寸基准。

3.标注组合体尺寸的方法和步骤

组合体是由一些基本形体按一定的连接关系组合而成的。因此，在标注组合体的尺寸时，仍然运用形体分析法。

下面以如图3-23的支架为例，说明标注组合体尺寸的方法和步骤。

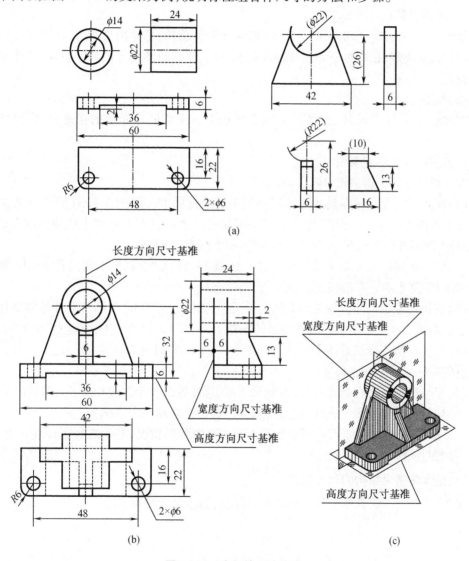

图3-23　支架的尺寸注法

（1）按形体分析法，将组合体分解为若干个组成部分

按形体分析法，将支架分解为四个简单形体：底板、圆筒、支承板、肋板，如图3-20

所示。

（2）选定尺寸基准

如图 3-23（c）所示，支架的尺寸基准：以左右对称面为长度方向的基准；以底板和支承板的后面作为宽度方向的基准；以底板的底面作为高度方向的基准。

（3）然后逐个注出各个组成部分的定形尺寸

如图 3-23（a）中确定空心圆柱的大小，应标注外径 $\phi22$、孔径 $\phi14$ 和长度 24 这三个尺寸。底板的大小，应标注长 60、宽 22、高 6 这三个尺寸。其他尺寸的标注如图 3-23（a）所示。

（4）标注确定各组成部分相对位置的定位尺寸

以尺寸基准为依据，确定各组成简单形体在长、宽、高三个方向的相对位置。

（5）标注总体尺寸

如图 3-23（b）所示，底板的长度 60 即为支架的总长；总宽由底板宽 22 和空心圆柱向后伸出的长 6 决定；总高由空心圆柱轴线高 32 加上空心圆柱直径的一半决定，三个总体尺寸已注全。

（6）检查

按定形尺寸、定位尺寸、总体尺寸的次序校对。注意尺寸标注的正确性、完整性和清晰性。

4. 标注尺寸的注意事项

为了将尺寸标注得清晰，应注意以下几点：

（1）尺寸尽可能标注在表达形体特征最明显的视图上。如图 3-23（b）中底板的高度 6，注在主视图上比注在左视图上要好；圆筒的定位尺寸 6，注在左视图上比注在俯视图上要好；底板上两圆孔的定位尺寸 48,16，注在俯视图上则比较明显。

（2）同一形体的尺寸应尽量集中标注。如图 3-23（b）中底板上两圆孔 $2\times\phi6$ 和定位尺寸 48,16，就集中注在俯视图上，便于读图时查找。

（3）直径尺寸尽量注在投影为非圆的视图上，如图 3-23（b）中圆筒的外径 $\phi22$ 注在左视图上。圆弧的半径必须注在投影为圆的视图上，如图 3-23（b）中底板上的圆角半径 $R6$。

（4）尺寸尽量不在细虚线上标注。如图 3-23（b）中圆筒的孔径 $\phi14$，注在主视图上是为了避免在细虚线上标注尺寸。

（5）尺寸应尽量注在视图外部，避免尺寸线、尺寸界线与轮廓线相交，以保持图形清晰。

（6）同轴回转体的每个直径，最好与长度一起标注在同一个视图上。

在标注尺寸时，上述各点有时会出现不能完全兼顾的情况，必须在保证标注尺寸正确、完整、清晰的条件下，合理布置。

三、组合体常见结构的尺寸注法

表 3-3 列出了组合体常见结构的尺寸注法，标注尺寸时可参考。

表 3 - 3　组合体常见结构的尺寸注法

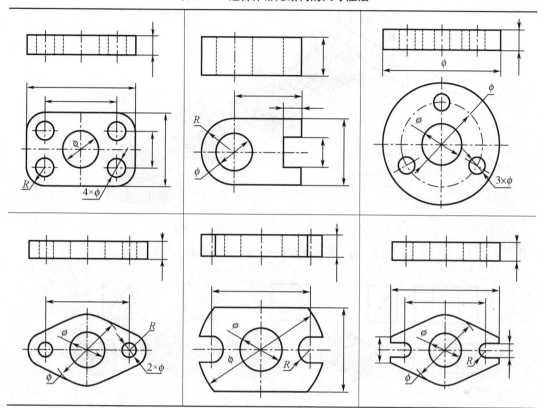

第五节　读组合体视图

画图,是将物体画成视图来表达其形状;读图,是依据视图想象出物体的形状,显然,照物画图与依图想物相比,后者的难度要大一些。为了能够正确而迅速地读懂视图,必须掌握读图的基本要领和基本方法,并通过反复实践,培养空间想象能力,不断提高自己读图能力。

一、读图的基本要求

1. 要熟练掌握各种基本几何体的投影特征。

复杂的组合体是基本几何体的组合。如果基本几何体是"词汇",则组合体是"语句"。基本几何体投影是基础,要熟练掌握基本几何体的形成及视图表达。

2. 将几个视图联系起来看

一个视图不能确定物体的形状。若只看图 3 - 24(a)中的主视图,它可以表示出形状不同的许多物体,如图 3 - 24(b)如示。

有时只看两个视图,也无法确定物体的形状。若只看图 3 - 25(a)中的主、俯两视图它们也可表示出多种不同形状的物体,这里只列出四种,如图 3 - 25(b)(c)(d)(e) 所示。

由此可见,读图时,必须把所给的视图联系起来看,才能想象出物体的真实形状。

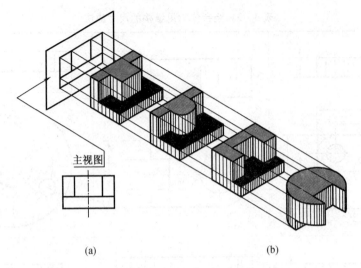

(a)   (b)

图 3 – 24   一个视图不能确定物体的形状的示例

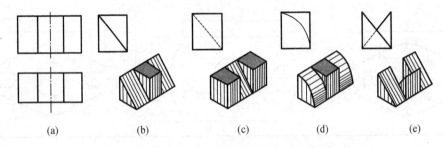

(a)   (b)   (c)   (d)   (e)

图 3 – 25   两个视图不能确切表示物体形状的示例

3. 搞清视图中图线和线框的含义

视图是由一个个封闭线框组成的,而线框又是由图线构成的。因此,弄清图线及线框的含义,是十分必要的。下面以图 3 – 26 为例,说明图线和线框的含义。

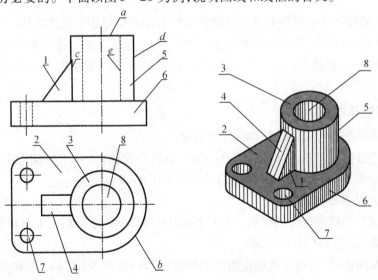

图 3 – 26   视图中图线与线框的分析

（1）视图中图线的含义

视图中的图线有以下三种含义：

——有积聚性的面的投影，如 a,b 等线；

——面与面的交线（棱边线），如 c 为圆柱与三角肋板的交线；

——曲面的转向轮廓线，如 d, e 为圆柱及其中间孔的轮廓线。

（2）视图中线框的含义

①一个封闭的线框，表示物体的一个面，可能是平面、曲面、组合面或孔洞。如视图中的线框 1,2,3,4 表示平面；线框 5 表示曲面；线框 6 表示平面与曲面相切的组合面；线框 7,8 表示孔洞。

②相邻的两个封闭线框，表示物体上位置不同的两个面。由于不同线框代表不同的面，它们表示的面有前、后、左、右、上、下的相对位置关系，可以通过这些线框在其他视图中的对应投影来加以判断。例如，从主视图中可以看出，平面 3 比平面 2 高；从俯视图中可以看出，组合面 6 在前，平面 1 在后。

③一个大封闭线框内所包含的各个小线框，表示在大平面体（或曲面体）上凸出或凹下各个小平面体（或曲面体）。例如，线框 2 包含线框 3 和线框 8，从主视图中可以看出，线框 3 表示在底板上凸出一个空心圆柱，线框 8 表示凹下一个孔洞。

二、读图的方法和步骤

1. 形体分析法

形体分析法是画图和标注尺寸的基本方法，也是读图的主要方法。运用形体分析法读图，关键在于掌握分解复杂图形的方法。只有将复杂的图形分解出几个简单图形来，通过对简单图形的识读并加以综合，才能达到较快读懂复杂图形的目的。读图的步骤如下：

（1）抓特征、分部分

所谓特征，是指物体的形状特征和组成物体的各基本几何体间的位置特征。

什么是形状特征呢？图 3 −27(a) 为底板的三视图，假如只看主、左两视图，那么除了板厚以外，其他形状就很难分析了；如果将主、俯视图配合起来看，即使不要左视图，也能想象出它的全貌。显然，俯视图是反映该物体形状特征最明显的视图。用同样的分析方法可知，图(b)中的主视图、图(c)中的左视图是形状特征最明显的视图。

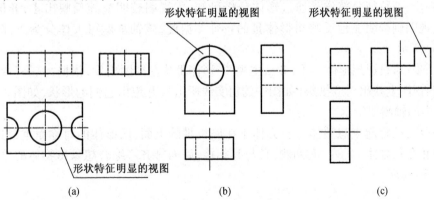

图 3 −27　形状特征明显的视图

什么是位置特征呢？在图3-28(a)中，如果只看主、俯视图，Ⅰ、Ⅱ两个形体哪个凸出？哪个凹进？无法确定。因为这两个线框可以表示图(b)的情况，也可以表示图(c)的情况。但如果将主、左视图配合起来看，则不仅形状容易想清楚，而且Ⅰ、Ⅱ两形体前者凸出，后者凹进也确定了，即是图(c)所示的一种情况。显然，左视图是反映该物体各组成部分之间位置特征最明显的视图。

这里应注意一点，物体上每一组成部分的特征，并非总是全部集中在一个视图上。因此，在分部分时，无论哪个视图(一般以主视图为主)，只要形状、位置特征有明显之处，就应从该视图入手，这样就能较快地将其分解成若干个组成部分。

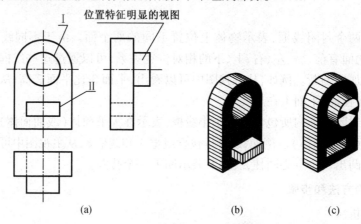

图3-28　位置特征明显的视图

（2）对投影、想形状

依据"三等"规律，从反映特征部分的线框（一般表示该部分形体）出发，分别在其他两视图上对准投影，经过旋转归位，逐个想象出它们的形状。

（3）综合起来想整体

想出各组成部分形状之后，再根据整体三视图，分析它们之间的相对位置和组合形式，进而综合想象出该物体的整体形状。

[例3-7]　看轴承座的三视图，如图3-29。

第一步：抓特征分部分　通过形体分析可知，主视图较明显地反映出Ⅰ、Ⅱ形体的特征，而左视图则较明显地反映出形体Ⅲ的特征。据此，该轴承座可大体分为三部分，如图3-29(a)所示。

第二步：对投影想形体　Ⅰ，Ⅱ从主视图、形体Ⅲ从左视图出发，依据"三等"规律，分别在其他两视图上找出对应投影（如图中的粗实线所示），并想出它们的形状，如图3-29(b)(c)(d)中的轴测图所示。

第三步：综合起来想整体　长方体Ⅰ在底板Ⅲ的上面，两形体的对称面重合且后面靠齐；肋板Ⅱ在长方体Ⅰ的左、右两侧，且与其相接，后面靠齐。综合想象出物体的整体形状，如图3-30所示。

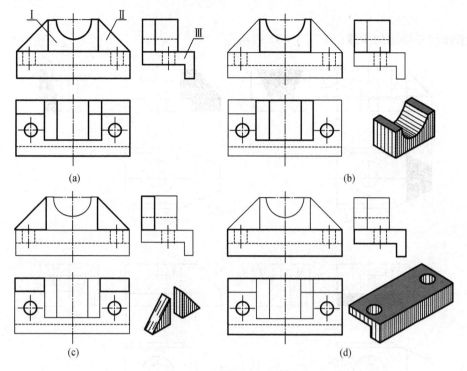

图 3 - 29　轴承座的读图步骤

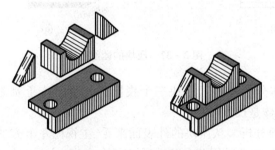

图 3 - 30　轴承座轴测图

2. 线面分析法

用线面分析法读图，就是运用投影规律，通过识别线、面等几何要素的空间位置、形状，进而想象出物体的形状。在看切割型组合体的三视图时，主要靠线面分析法。

[例 3 - 8]　看压块的三视图如图 3 - 31 所示。

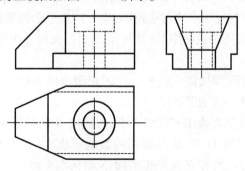

图 3 - 31　压块的三视图

看压块三视图的步骤如下图 3 -32 所示。

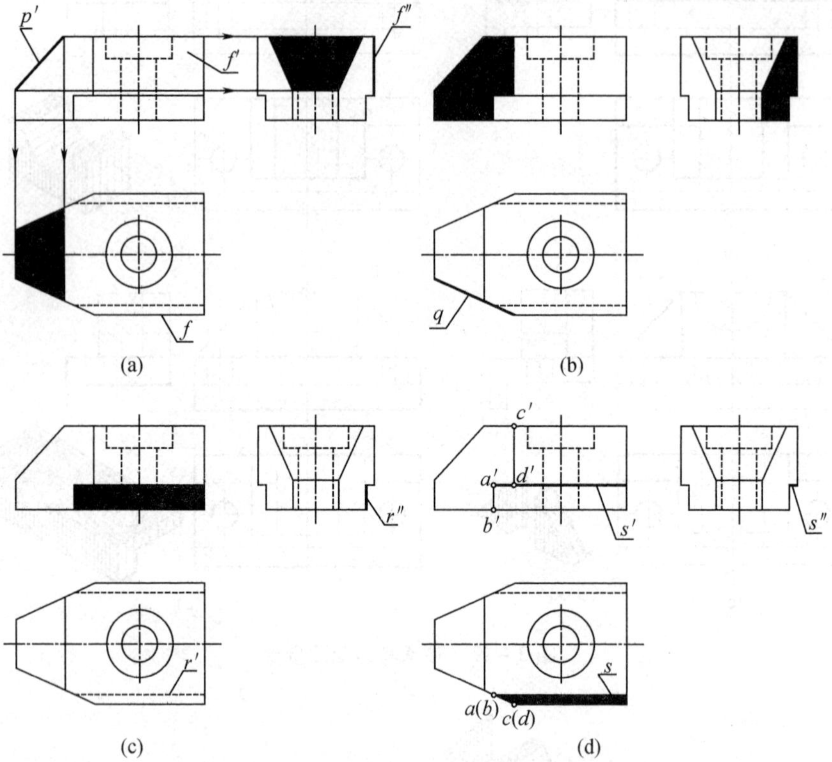

图 3 -32　压块的读图步骤

第一步:进行形体分析　由于压块三个视图的轮廓基本上都是矩形(只切掉了几个角),所以它的原始形体是长方体。

第二步:进行线面分析　从压块的外表面来看,主视图左上方的缺角是用正垂面切出的;俯视图左端的前、后缺角是用两个铅垂面切出的;左视图下方前、后的缺块,则是用正平面和水平面切出的。可见,压块的外形是一个长方体被几个特殊位置平面切割后形成的。

在搞清被切面的空间位置后,再根据平面的投影特性,分清各切面的几何形状。

①当被切面为"垂直面"时,从该平面投影积聚成的直线出发,在其他两视图上找出对应的线框——一对边数相等的类似形。

如图 3 -32(a)所示,从主视图中斜线(正垂面的积聚性投影 p')出发,在俯视图中找出与它对应的梯形线框,则左视图中的对应投影,也一定是一个梯形线框(图中的粗实线)。

如图 3 -32(b)所示,从俯视图中的斜线(铅垂面的投影 q 出发,在主、左视图上找出与它对应的一对七边形。

②当被切面为"平行面"时,也从该平面投影积聚成的直线出发,在其他两视图上找出对应的投影——一直线和一平面图形。

如图 3 -32(c)所示,从左视图 r'' 直线入手,再找出 R 面的正面投影(矩形线框)和平面投影(一直线);在图 3 -32(d)中,从左视图的直线 s'' 出发,找出 S 面的水平面投影(四边形)和正面投影(一直线)。可知 R 面是正平面,S 面是水平面。

在图 3 - 32(d)中, $a'b'$ 不是平面的投影,而是 R 面和 Q 面的交线;同理, $c'd'$ 是 T 面和 Q 面的交线,见图 3 - 33。

第三步:综合起来想整体　在看懂压块各表面的空间位置与形状后,还必须根据视图搞清面与面之间的相对位置,进而综合想象出压块的整体形状,如图 3 - 33 所示。

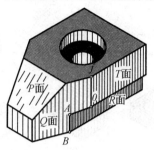

图 3 - 33　压块的轴测图

三、读图的注意事项

1. 从形状特征明显、相对位置突出的视图出发,读整个视图。

2. 先看大致,后看细节;先看实线,后看虚线。

3. 对比较复杂的组合体可将形体分析法和线面分析法加以综合运用。"宏观"上,采用形体分析法,化繁为简;"微观"上,针对局部复杂之处,采用线面分析法。

4. 图中的尺寸有助于分析物体形状的。如直径符号 ϕ 表示圆孔或圆柱形,半径符号 R 则表示圆角等。

四、空间想象力的培养方法

图学教育就是培养学生运用图样表达设计思想,进而培养学生分析解决问题能力,空间想象力和创新意识,知识的获得是目标,能力的培养是核心。空间想象力的培养方法如下:

1. 基本形体的识记

复杂组合体就是由基本形体通过叠加、切割、综合等方式组合形成的。组合体的表达就是通过"形体分析法"分析其组成、组合形式、相对位置,化繁为简,分解成若干个基本形体来解决。即基本形体是"基础",是图学想象的"基本元素"。

2. 形体再现训练

给定模型,让学生在规定时间内"依形有序"观察记忆,然后拿走模型,要求学生根据记忆来复述形体,注意在此过程中,重点教授学生用"形体分析法"观察分析形体在脑中形成的完整立体形象,在没有实物的情况下形体再现,养成观察物体"依形有序"的记忆习惯,为培养想象力打下扎实基础。

3. 一题多解训练

根据给定的一个或两个视图,设计出各种形体补画视图,题目的约束尽量少些,以便给学生留下尽量多的创造性空间,培养发散性思维,进行创造性构形。一方面提高学生的学习兴趣,加强教与学的互动性,实现老师是"导演",学生是"演员"的角色转变,另一方面也对学生想象力的培养潜移默化的一贯性。

(1)根据已给两视图,构思组合体的空间形状,补画第三视图

图 3 – 34（a）给出的主、俯两个视图,不能唯一地确定组合体形状,所以在补画第三视图时,与前面不同之处在于有更广阔的想象空间,即可以构思出两种以上的形状,补画出两种以上的第三视图。图 3 – 34(b)(c)(d)(e)为其中四种不同的左视图及其表达的物体形状。

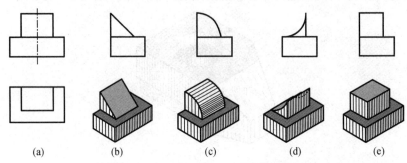

(a)　　　　　(b)　　　　　(c)　　　　　(d)　　　　　(e)

图 3 – 34　对应两视图的多种形体构思

[**例 3 – 9**]　根据图 3 – 35 中的主、左视图,补画出表示不同形体的三个俯视图。

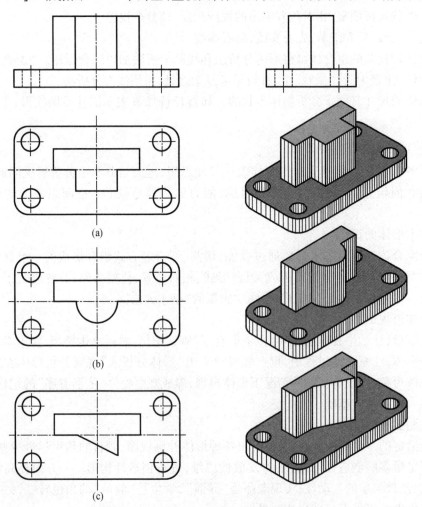

(a)

(b)

(c)

图 3 – 35　由主、左两视图构思并补画俯视图

根据已知的两视图,可构想出图3－35(a)(b)(c)右侧组合体的空间形状,然后补画出其俯视图。补画后再与主、左视图综合起来对照一下,检查是否有矛盾之处。除图中三种形状外,读者还可想象出其他符合主、左两视图的形体。

(2)根据物体的一个视图,补画其他视图以确定物体的空间形状

根据已给定的一个视图,补画出能确定物体空间形状的其他一个或两个视图,也是训练空间想象能力和培养读图能力的一种方式。

[例3－10]　根据图3－36(a)中的主视图,构思出三个不同物体的形状并分别画出它们的左视图。

构想出三个物体的空间形状及补画的左视图,如图3－36(b)(c)(d)所示。读者可进一步补画出以下三种物体的俯视图。

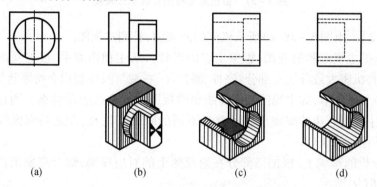

(a)　　　　　(b)　　　　　(c)　　　　　(d)

图3－36　根据主视图构思并补画左视图

4.图感培养训练

经过一段时间学习及多次绘图、读图练习,形成对图形的审视能力,是空间想象力培养的标尺,图感的形成必须建立在多想、多看、多练基础上,通过补图、补线等方法,使学生思维从空间到平面,再从平面复至空间的跳跃,丰富想象,激发创造。

(1)由已知两视图补画第三视图(简称由二补三)

由已知两视图补画第三视图是训练读图能力,培养空间想象力的重要手段。补画视图,实际上是读图和画图的综合练习,一般可分如下两步进行:

第一步,根据已给的视图按前述方法将图看懂,并想出物体的形状。

第二步,在想出形状的基础上再进行作图。作图时,应根据已知的两个视图,按各组成部分逐个地作出第三视图,进而完成整个物体的第三视图。

[例3－11]　由图3－37(a)所示的两视图,补画左视图。

根据已知的两视图,可以看出该物体是由底板、前半圆板和后立板叠加起来后,又切去一个通槽、钻一个通孔而成的。

具体作图步骤,如图3－37(b)(c)(d)(e)(f)所示。

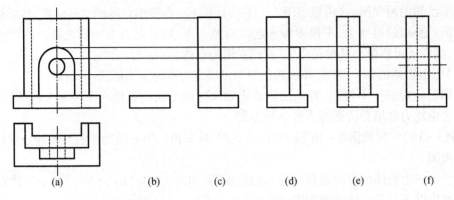

图3-37 由已知两视图补画第三视图

[**例3-12**] 由图3-38(a)所示机座的两视图,补画左视图。

看懂机座的主视图和俯视图,想象出它的形状。从主视图着手,按主视图上的封闭粗实线线框,可将机座大致分成三部分:底板、圆柱体、右端与圆柱面相交的厚肋板。

再进一步分析细节,如主视图的细虚线和俯视图的细虚线表示什么。通过逐个对投影的方法知道,主视图右边的细虚线表示直径不同的阶梯圆柱孔,左边的细虚线表示一个长方形槽和上下挖通的缺口。

在形体分析的基础上,根据三部分在俯视图上的对应投影,综合想象出机座的整体形状,如图3-38(b)所示。

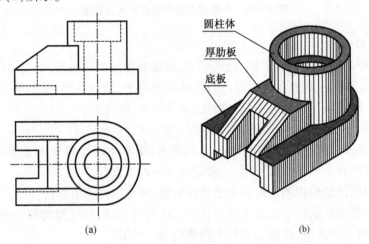

图3-38 机座

(a)已知两视图;(b)机座的结构形状

逐步画出第三视图。具体作图步骤如图3-39(a)(b)(c)(d)所示。

由此可知,读懂已知的两视图,想出零件的形状,是补画第三视图的必要条件。所以读图和画图是密切相关的。在整个读图过程中,一般是以形体分析法为主,边分析边作图边想象。这样就能较快地看懂组合体的视图,想出其整体形状,正确地补画出第三视图。

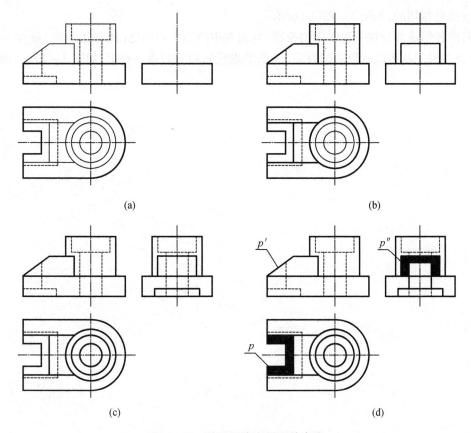

图3-39 补画机座左视图的步骤

(a)补画底板的左视图;(b)补画圆柱和厚肋板的左视图;

(c)补画阶梯孔和长方形槽的左视图;(d)最后补画缺口的左视图

(2)补画视图中的漏线

补漏线就是在给出的三视图中,补画缺漏的线条。首先,运用形体分析法,看懂三视图所表达的组合体形状,然后细心检查组合体中各组成部分的投影是否有漏线,最后将缺漏的线补出。

[**例3-13**] 补画图3-40(a)所示组合体中缺漏的图线。

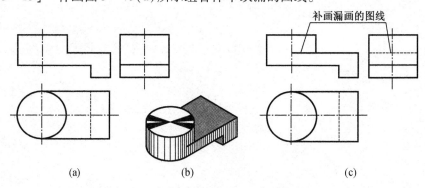

图3-40 补画组合体视图中缺漏的图线

通过投影分析可知,三视图所表达的组合体由柱体和座板叠加而成,两组成部分分界处的表面是相切的,如图 3 - 40(b)所示。

对照各组成部分在三视图中的投影,发现在主视图中相切处(座板最前面)缺少一条粗实线;在左视图缺少座板顶面的投影(一条细虚线),将它们逐一补上,如图 3 - 40(c)所示。

第四章　机件的表达方法

知识目标

1. 掌握视图的表达方法。
2. 掌握剖视图的表达方法。
3. 熟悉断面图、局部放大图、简化画法等常用表达方法。

能力目标

1. 能根据视图表达方法进行机件表达。
2. 能根据剖视图表达方法进行机件内部结构表达。
3. 能根据机件特点选择断面图、局部放大图、简化画法等表达方法。

前面已介绍了用三视图表达物体的方法,但在工程实际中,机件的结构形状千变万化,有繁有简,仅用三视图已不能满足将机件内外结构形状表达清楚的需要。为此,国家标准《机械制图》(GB/T 4458.1—2002)、《技术制图》(GB/T 17451—1998)中规定了视图的画法;《机械制图》(GB/T 4458.6—2002)、《技术制图》(GB/T 17452—1998)中规定了剖视图和断面图的画法。本章将介绍视图、剖视图、断面图、局部放大图、简化画法等常用的表达方法,画图时应根据机件的实际结构形状和特点,选择恰当的表达方法。

第一节　视　　图

机件向投影面投射所得的图形称为视图。视图主要用于表达机件的外部结构形状,一般只画出机件的可见部分,其不可见部分用虚线表示,必要时虚线可以省略不画。视图可分为基本视图、向视图、局部视图、斜视图。

一、基本视图

在原有三个投影面的基础上,再增设三个投影面,构成一个正六面体,这六个面称为基本投影面。将机件放在正六面体内,分别向各基本投影面投射,所得到的六个视图称为基本视图。除了前面已经介绍过的主、俯、左视图外,还有从右向左投射所得的右视图,从下向上投射所得的仰视图,从后向前投射所得的后视图。

六个基本投影面的展开方法如图 4－1 所示。

六个基本投影面的配置关系如图 4－2 所示。

六个基本视图若在同一张图纸上,按图 4－2 所示的规定位置配置视图时,一律不标注视图名称。

如图 4－2 所示,六个基本视图之间,仍保持"长对正、高平齐、宽相等"的投影关系。除后视图外,各视图靠近主视图的一侧均表示机件的后面;各视图远离主视图的一侧均表示机件的前面。

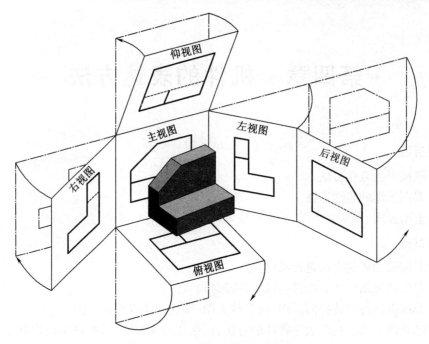

图 4 - 1　六个基本投影面的展开

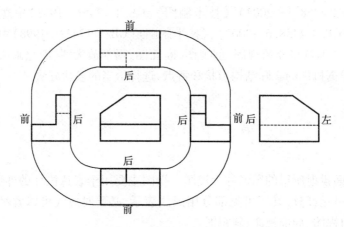

图 4 - 2　六个基本视图的配置关系

二、向视图

向视图是可以自由配置的视图。为了合理利用图纸的幅面,基本视图可以不按投影关系配置。这时,可以用向视图来表示,如图 4 - 3 所示。

为了便于读图,按向视图配置的视图必须进行标注。即在向视图的上方正中位置标注"×"("×"为大写的拉丁字母),在相应的视图附近用箭头指明投影方向,并标注相同的字母,如图 4 - 3 所示。

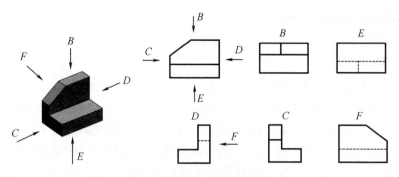

图4-3 向视图的配置与标注

三、局部视图

将机件的某一部分向基本投影面投射所得的视图,称为局部视图。

局部视图是一个不完整的基本视图,当机件上的某一局部形状没有表达清楚,而又没有必要用一个完整的基本视图表达时,可将这一部分单独向基本投影面投射,表达机件上局部结构的外形,避免因表达局部结构而重复画出别的视图上已经表达清楚的结构。利用局部视图可以减少基本视图的数量。如图4-4所示,机件左侧凸台和右上角缺口的形状,在主、俯视图上无法表达清楚,又没有必要画出完整的左视图和右视图,此时可用局部视图表示两处的特征形状。

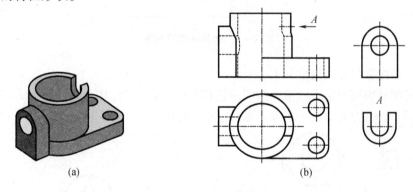

图4-4 局部视图的配置与标注

(a)直观图;(b)局部视图

局部视图的配置与标注规定如下:

1. 局部视图上方标出视图名称"×"("×"为大写拉丁字母),在相应的视图附近用箭头指明投影方向,并标注相同的字母,如图4-4中的局部视图"A"所示。当局部视图按投影关系配置,中间又没有其他图形隔开时,可省略标注,如图4-4中的局部左视图所示。

2. 为了看图方便,局部视图应尽量配置在箭头所指的一侧,并与原基本视图保持投影关系。但为了合理利用图纸幅面,也可将局部视图按向视图配置在其他适当的位置,如图4-4中的局部视图"A"所示。

3. 局部视图的断裂边界线用波浪线表示,如图4-4中的局部视图"A"所示。但当所表达的部分是与其他部分截然分开的完整结构,且外轮廓线自成封闭时,波浪线可以省略不画,如图4-4中的局部左视图所示。画波浪线时应注意:

(1)不应与轮廓线重合或画在其他轮廓线的延长线上;

(2)不应超出机件的轮廓线;

(3)不应穿空而过。

四、斜视图

机件向不平行于基本投影面的平面投射所得的视图,称为斜视图。

当机件上某部分的倾斜结构不平行于任何基本投影面时,在基本视图中不能反映该部分的实形。这时,可增设一个新的辅助投影面,使其与机件的倾斜部分平行,且垂直于某一个基本投影面,如图4-5中的平面P。然后将机件上的倾斜部分向新的辅助投影面投射,再将新投影面按箭头所指方向,旋转到与其垂直的基本投影面重合的位置,即可得到反映该部分实形的视图。

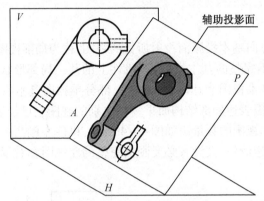

图4-5 斜视图的直观图

斜视图的配置与标注规定如下:

1.斜视图必须用带字母的箭头指明表达部位的投影方向,并在斜视图上方用相同的字母标注"×"("×"为大写拉丁字母),如图4-6和图4-7所示"A"。

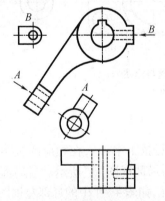

图4-6 斜视图和局部视图(一)

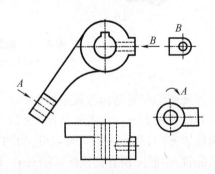

图4-7 斜视图和局部视图(二)

2.斜视图一般配置在箭头所指方向的一侧,且按投影关系配置,如图4-6中的斜视图"A"。有时为了合理地用图纸幅面,也可将斜视图按向视图配置在其他适当的位置,或在不至于引起误解时,将倾斜的图形旋转到水平位置配置,以便于作图。此时,应标注旋转符号,如图4-7所示。表示该视图名称的大写字母应靠近旋转符号的箭头端。若斜视图是按顺时针方向转正,则标注为"⌒A",如图4-7所示。若斜视图是按逆时针方向转正,则应标注为"$A\frown$"。也允许将旋转角度标注在字母之后,如"$\frown A60°$"或"$A60°\frown$"。

旋转符号用半圆形细实线画出,其半径等于字体的高度,线宽为字体高度的 1/10 或 1/14,箭头按尺寸线的终端形式画出。

3. 斜视图一般只表达倾斜部分的局部形状,其余部分不必全部画出,可用波浪线断开,如图 4-6 和图 4-7 所示的局部斜视图"A"。

在同一张图纸上,按投影关系配置的斜视图和按向视图且旋转放正配置的斜视图,画图时只能画出其中之一,如图 4-6 和图 4-7 所示。

第二节　剖　视　图

用视图表达机件的内部结构时,图中会出现许多虚线,影响了图形的清晰性。既不利于看图,又不利于标注尺寸。为此,国家标准规定用"剖视"的方法来解决机件内部结构的表达问题。

一、剖视图的概念

1. 剖视图的形成

假想用剖切面剖开机件,将处在观察者与剖切面之间的部分移去,而将其余部分向投影面投射所得的图形,称为剖视图(简称剖视),如图 4-8(a)(b)所示。

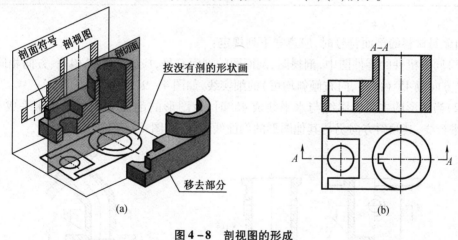

(a)　　　　　　　　　　　(b)

图 4-8　剖视图的形成
(a)剖视的直观图;(b)剖视图

2. 剖面符号

在剖视图中,被剖切面剖切到的部分,称为剖面。为了在剖视图上区分剖面和其他表面,应在剖面上画出剖面符号(也称剖面线)。机件的材料不相同,采用的剖面符号也不相同。各种材料的剖面符号,如表 4-1 所示。

表 4 - 1　剖面符号(GB/T 4457.4—1984)

金属材料 (已有规定剖面符号者除外)		木质胶合板 (不分层数)	
非金属材料 (已有规定剖面符号者除外)		基础周围的泥土	
转子、电枢、变压器和 电抗器等的迭钢片		混凝土	
线圈绕组元件		钢筋混凝土	
型砂、填砂、粉末冶金、砂轮、 陶瓷刀片、硬质合金、刀片等		砖	
玻璃及供观察 用的其他透明材料		格网、 筛网、过滤网等	
木材	纵剖面	液体	
	横剖面		

画金属材料的剖面符号时,应遵守下列规定:

(1)同一机件的零件图中,剖视图、剖面图的剖面符号,应画成间隔相等、方向相同且为与水平方向成45°(向左、向右倾斜均可)的细实线,如图4-9(a)所示。

(2)当图形的主要轮廓线与水平线成45°时,该图形的剖面线应画成与水平成30°或60°的平行线,其倾斜方向仍与其他图形的剖面线一致,如图4-9(b)所示。

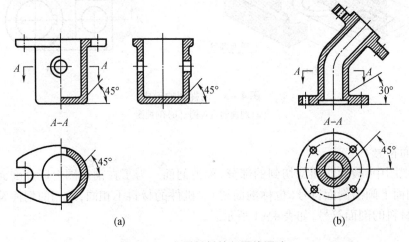

(a)　　　　　　　　(b)

图 4 - 9　金属材料的剖面线画法

3.画剖视图应注意的问题

(1)画剖视图时,剖切机件是假想的,并不是把机件真正切掉一部分。因此,当机件的某一视图画成剖视图后,其他视图仍应按完整的机件画出,不应出现图4-10俯视图只画出一半的错误。

(2)剖切平面应通过机件上的对称平面或孔、槽的中心线并应平行于某一基本投影面。

(3)剖切平面后方的可见轮廓线应全部画出,不能遗漏。图4-10中主视图上漏画了后一半可见轮廓线。同样,剖切平面前方已被切去部分的可见轮廓线也不应画出,图4-10中主视图多画了已剖去部分的轮廓线。

(4)剖视图上一般不画不可见部分的轮廓线。当需要在剖视图上表达这些结构,又能减少视图数量时,允许画出必要的虚线,如图4-11所示。

4.剖视图的标注

为了便于看图,在画剖视图时,应将剖切位置、剖切后的投影方向和剖视图的名称标注在相应的视图上。

(1)剖切位置　用线宽(1~1.5)b、长5~10 mm 的粗实线(粗短画)表示剖切面的起点和转折位置,如图4-8(b)、图4-9所示。

(2)投影方向　在表示剖切平面起点的粗短画外侧画出与其垂直的箭头,表示剖切后的投影方向,如图4-8(b)、图4-9所示。

(3)剖视图名称　在表示剖切平面起点和转折位置的粗短画外侧写上相同的大写拉丁字母"×",并在相应的剖视图上方正中位置用同样的字母标注出剖视图的名称"×-×",字母一律按水平位置书写,字头朝上,如图4-8(b)、图4-9所示。在同一张图纸上,同时有几个剖视图时,其名称应顺序编写,不得重复。

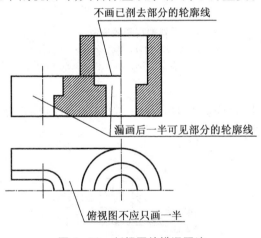

图4-10　剖视图的错误画法

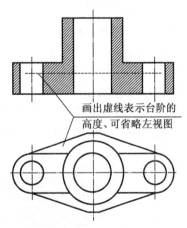

图4-11　剖视图中的虚线

二、剖视图的种类

根据机件内部结构表达的需要以及剖切范围大小,剖视图可分为全剖视图、半剖视图和局部剖视图。

1.全剖视图

用剖切平面(一个或几个)完全地剖开机件所得的剖视图,称为全剖视图。当不对称的机件的外形比较简单,或外形已在其他视图上表达清楚,内部结构形状复杂时,常采用全剖视图表达机件的内部的结构形状。

（1）单一剖切平面

用一个剖切平面剖开机件的方法，称为单一剖切。用单一剖切平面（平行于基本投影面）的方法进行剖切，是画剖视图最常用的一种方法。

当采用单一剖切平面剖切机件画全剖视图时，视图之间投影关系明确，没有任何图形隔开时，可以省略标注，如图4-12所示。

（2）单一斜剖切平面

用一个不平行于任何基本投影面的剖切平面剖切机件的方法，称为斜剖。常用来表达机件上倾斜部分的内部形状结构，如图4-13所示。

画这种斜剖视图时，一般应按投影关系将剖视图配置在箭头所指的一侧的对应位置。在不致引起误解的情况下，允许将图形旋转。旋转后的图形要在其上方标注旋转符号（画法同斜视图）。斜剖视图必须标注剖切位置符号和表示投影方向的箭头，如图4-13所示。

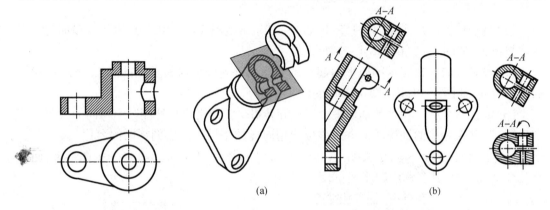

图4-12　剖视图省略标注

图4-13　斜剖视图的形成
（a）斜剖视的直观图；（b）斜剖视图

（3）几个平行的剖切平面

用两个平行的剖切平面剖开机件的方法，称为阶梯剖，如图4-14（a）（b）所示，阶梯剖视用于表达用单一剖切平面不能表达的机件。

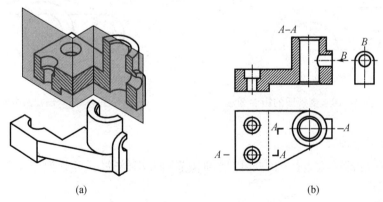

图4-14　阶梯剖视图的形成及标注
（a）阶梯剖视的直观图；（b）阶梯剖视图及正确标注

　　用阶梯剖的方法画剖视图时,由于剖切是假想的,应将几个相互平行的剖切面当作一个剖切平面,但在视图中标注转折的剖切位置符号时必须相互垂直。表示剖切位置起止、转折处的剖切符号和字母必须标注。当视图之间投影关系明确,没有任何图形隔开时,可以省略标注箭头,如图4 - 14(b)所示。阶梯剖视图中常见的错误画法及标注如图4 - 15所示。

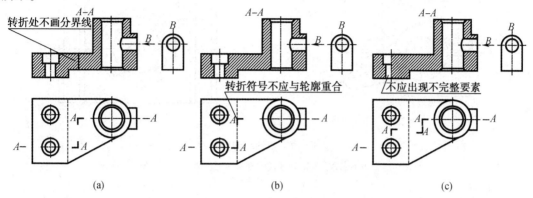

图4 - 15　阶梯剖视图中常见的错误画法及标注

　　(4)几个相交的剖切平面

　　用两个相交的剖切平面(交线垂直与某一投影面)剖开机件的方法,称为旋转剖。如图4 - 16(b)所示。当用单一剖切平面不能完全表达机件内部结构时,可采用旋转剖。

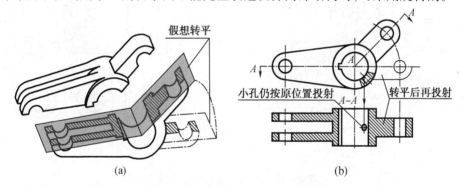

图4 - 16　旋转剖视图的形成及标注

(a)旋转剖视的直观图;(b)旋转剖视图及正确标注

　　用旋转剖的方法画剖视图时,两相交的剖切平面的交线应与机件上的回转轴线重合并同时垂直于某一投影面。画图时应先剖切后旋转,将倾斜结构旋转到与某一投影面平行的位置再投射,以反映被剖切内部结构的实形,在剖切平面后的其他结构仍按原来位置投射,如图4 - 16(b)中的小孔。当剖切后产生不完整要素时,应将该部分按不剖绘制,如图4 - 17(a)所示。

　　采用旋转剖画剖视图时必须标注,其标注方法与阶梯剖局部相同。但应注意标注中的箭头所指的方向是与剖切平面垂直的投射方向,而不是旋转方向。当视图之间没有图形隔开时可以省略箭头。注写字母时一律按水平位置书写,字头朝上。

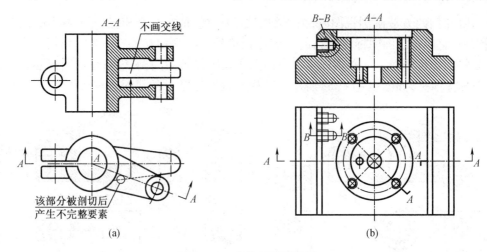

图4-17 旋转剖视图示例

(a)剖切产生的不完整要素的处理;(b)在旋转剖视图中再作一次局部剖视

2.半剖视图

当机件具有对称平面,向垂直于机件的对称平面的投影面上投射所得的图形,以对称线为界,一半画成剖视图,一半画成视图,这种组合的图形称为半剖视图,如图4-18(b)所示。半剖视图适应于内外形状都需要表达的对称机件或基本对称的机件。

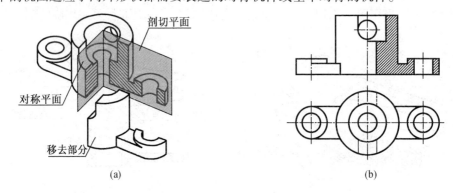

图4-18 半剖视图的形成及标注

(a)半剖视的剖切过程;(b)半剖视图

画半剖视图时应注意的问题:

(1)半个视图与半个剖视图的分界线应以对称中心的细点画线为界,不能画成其他图线,更不能理解为机件被两个相互垂直的剖切面共同剖切将其画成粗实线,如图4-19所示。

(2)采用半剖视图后,不剖的一半不画虚线,但对孔、槽等结构要用点画线画出其中心位置。如图4-19所示,左一半不应画出虚线。

(3)画对称机件的半剖视图时,应根据机件对称的实际情况,将一半剖视图画在主、俯视图的右一半,俯、左视图的前一半,主、左视图的上一半。基本对称机件的半剖视图,如图4-20所示。

半剖视图的标注方法及省略标注的情况与全剖视图完全相同,图4-19所示为错误标注。

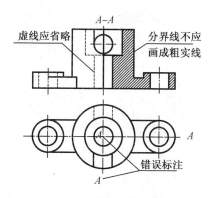

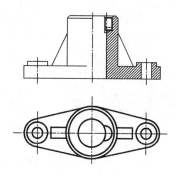

图4-19 半剖视图的错误画法与标注　　　　图4-20 基本对称的半剖视图

3.局部剖视图

用剖切平面局部地剖开机件所得的剖视图称为局部剖视图。

局部剖视图主要用于当不对称机件的内、外形状均需在同一视图上兼顾表达,如图4-21,4-22所示。当对称机件不宜作半剖视如图4-23(a),或机件的轮廓线与对称中心线重合,无法以对称中心线为界画成半剖视图时,如图4-23(b)(c)(d)可采用局部剖视图。当实心机件上有孔、凹坑和键槽等局部结构时,也常用局部剖视图表达,如图4-24所表示。

在一个视图上,局部剖的次数不宜过多,否则会使机件显得支离破碎,影响图形的清晰性和形体的完整性。

画局部剖视图应注意的问题:

(1)局部剖视图中,视图与剖视图部分之间应以波浪线为分界线,画波浪线时:不应超出视图的轮廓线;不应与轮廓线重合或在其轮廓线的延长线上;不应穿空而过,如图7-25所示。

(2)必要时,允许在剖视图中再作一次简单的局部剖视,但应注意用波浪线分开,剖面线同方向、同间隔错开画出,如图4-17(b)中的"B-B"所示。

当单一剖切平面的位置明显时,局部剖视图可省略标注。但当剖切位置不明显或局部剖视图未按投影关系配置时,则必须加以标注,如图4-17(b)、图4-22所示。

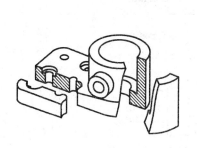

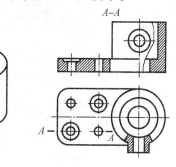

图4-21 局部剖视剖切过程　　　　图4-22 局部剖视图(一)

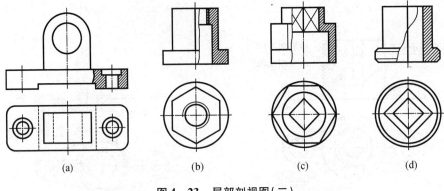

(a)   (b)   (c)   (d)

图 4 – 23　局部剖视图(二)

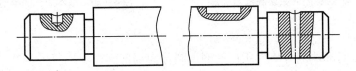

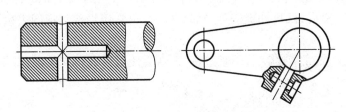

图 4 – 24　局部剖视图(三)

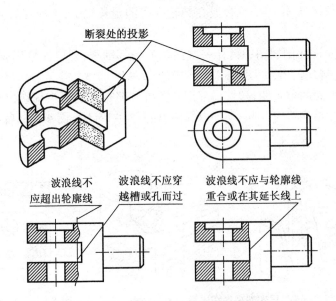

断裂处的投影

波浪线不
应超出轮廓线　　　波浪线不应穿
越槽或孔而过　　　波浪线不应与轮廓线
重合或在其延长线上

图 4 – 25　局部剖视图中波浪线的画法

第三节 断 面 图

一、断面图的概念

假想用剖切平面将机件的某处切断,仅画出该剖切面与机件接触部分的图形,这种图形称为断面图(简称断面),如图4-26所示。

断面与剖视的主要区别是,断面仅画出机件与剖切平面接触部分的图形,而剖视则除需要画出剖切平面与机件接触部分的图形外,还要画出其后的所有可见部分的图形。

断面常用来表示机件上某一局部结构的断面形状,如机件上的肋板、轮辐、键槽、小孔、杆件和型材的断面等。

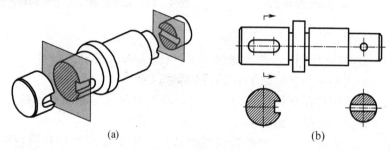

(a)   (b)

图4-26 断面图的概念

(a)断面的直观图;(b)断面图

二、断面图的种类

断面图分为移出断面和重合断面两种。

1. 移出断面

画在视图之外的断面,称为移出断面,如图4-26所示。

(1)移出断面的画法

①移出断面的轮廓用粗实线绘制,并在断面画上剖面符号,如图4-26所示。

②移出断面应尽量配置在剖切符号的延长线上,如图4-26所示。必要时也可画在其他适当位置,如图4-27中的"A-A"。

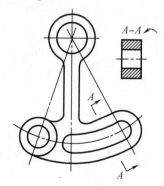

图4-27 移出断面图的画法和标注

③当剖切平面通过由回转面形成的凹坑、孔等轴线或非回转面的孔、槽时,这些结构应按剖视绘制,如图4-27所示。

④由两个(或多个)相交的剖切平面剖切得到的移出剖面图,可以画在一起,但中间必须用波浪线隔开,如图4-28所示。

⑤当移出断面对称时,可将断面图画在视图的中断处,如图4-29所示。

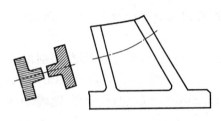

图4-28 断开的移出断面图

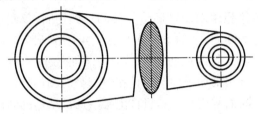

图4-29 配置在视图中断处的移出断面图

(2)移出断面的标注

移出断面一般应用剖切符号表示剖切位置,用箭头表示投射方向并注上大写拉丁字母,在断面图上方,用相同的字母标注出相应的名称。

①完全标注 不配置在剖切符号的延长线上的不对称移出断面或不按投影关系配置的不对称移出断面,必须标注,如图4-27所示的"A-A"。

②省略字母 配置在剖切符号的延长线上或按投影关系配置的移出断面,可省略字母,如图4-26(b)所示断面。

③省略箭头 对称的移出断面和按投影关系配置的断面,可省略表示投影方向的箭头,如图4-26(b)所示的断面。

④不必标注 配置在剖切位置符号的位置的延长线上的对称移出断面和配置在视图中断处的对称移出断面以及按投影关系配置的移出断面,均不必标注,如图4-28、图4-29所示的断面。

2.重合断面

画在视图之内的断面,称为重合断面,如图4-30、图4-31所示。

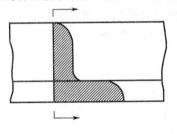

图4-30 不对称的重合断面图

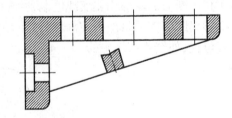

图4-31 对称的重合断面图

(1)重合断面的画法

重合断面的轮廓线用细实线绘制,如图4-30、图4-31所示。当重合断面轮廓线与视图中的轮廓线重合时,视图的轮廓线仍应连续画出,不可间断。

(2)重合断面的标注

因为重合断面直接画在视图内的剖切位置上,标注时可省略字母。不对称的移出断面,仍要画出剖切符号,如图4-30所示。对称的重合断面,可不必标注,如图4-31所示。

第四节　局部放大图和简化画法

一、局部放大图

当机件上某些细小结构,在视图中不易表达清楚和不便标注尺寸时,可将这些结构用大于原图形所采用的比例画出,这种图形称为局部放大图,如图4-32所示。

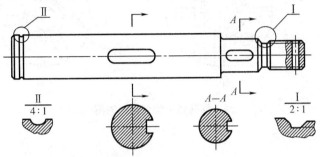

图4-32　局部放大图

局部放大图可画成视图、剖视图或断面图,它与被放大部分所采用的表达形式无关。局部放大图应尽量配置在被放大部位的附近。

局部放大图必须进行标注,一般应用细实线圈出被放大的部位。当同一机件上有几处被放大的部分时,必须用罗马数字依次标明被放大的部位,并在局部放大图的上方标注出相应的罗马数字和所采用的比例(系指放大图中机件要素的线性尺寸与实际机件相应要素的线性尺寸之比,与原图形所采用的比例无关)。

二、简化画法

1. 对于机件上的肋、轮辐、及薄壁等,当剖切平面沿纵向剖切时,这些结构上不画剖面符号,而用粗实线将它与其邻接部分分开。当剖切平面按横向剖切时,这些结构仍需画上剖面符号,如图4-33所示。

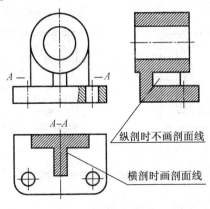

图4-33　肋板的剖切画法

2. 当需要表达形状为回转体的机件上有均匀分布的肋、轮辐、孔等结构不处于剖切平面上时,可将这些结构假想旋转到剖切平面上画出,且不需加任何标注,如图4-34所示。

3.当需要表示剖切平面前已剖去的部分结构时,可用双点画线按假想轮廓画出,如图4-35所示。

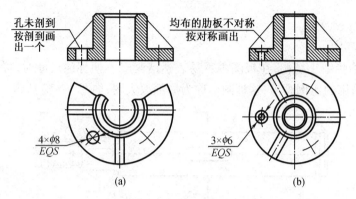

图4-34 回转体上均匀结构的简化画法

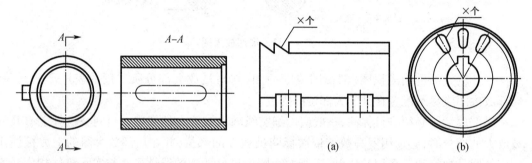

图4-35 用双点画线表示被剖切去的机件结构　　　图4-36 相同结构的简化画法(一)

4.当机件上具有若干相同结构(齿或槽等),只需要画出几个完整的结构,其余用细实线连接,但必须在图上注明该结构的总数,如图4-36所示。

5.当机件上具有若干直径相同且成规律分布的孔,可以仅画出一个或几个,其余用细点画线或"+"表示其中心位置,如图4-37所示。

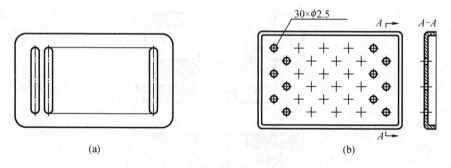

图4-37 相同结构的简化画法(二)

6.在不致引起误解时,对称机件的视图可只画一半或四分之一,并在图形对称中心线的两端分别画两条与其垂直的平行细实线(细短画),如图4-38所示。也可画出略大于一半并以波浪线为界线的圆,如图4-34(a)所示。

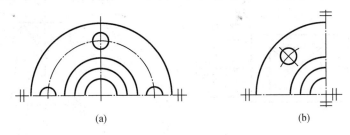

(a)　　　　　　　　(b)

图 4 - 38　对称结构的简化画法

7. 机件上对称结构的局部视图,可按图 4 - 39 所示的方法绘制。

8. 机件上较小结构所产生的交线(截交线、相贯线),如在一个视图中已表达清楚,可在其他图形中简化或省略,如图 4 - 39 和 4 - 40 所示。

9. 相贯线的简化画法可按图 4 - 41 所示的方法画出,但当使用简化画法会影响对图形的理解时,则应避免使用。

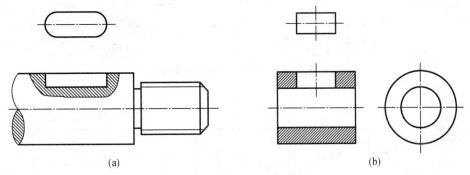

(a)　　　　　　　　(b)

图 4 - 39　对称结构的局部视图

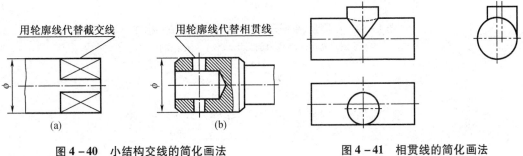

用轮廓线代替截交线　　用轮廓线代替相贯线

(a)　　　　　　　　(b)

图 4 - 40　小结构交线的简化画法　　　　**图 4 - 41　相贯线的简化画法**

10. 为了避免增加视图、剖视、断面图,可用细实线绘出对角线表示平面,如图 4 - 42 所示。

11. 较长的机件(轴、型材、连杆等)沿长度方向形状一致,或按一定规律变化时,可断开后绘制,如图 4 - 43 所示。

12. 除确实需要表示的圆角、倒角外,其他圆角、倒角在零件图均可不画,但必须注明尺寸,或在技术要求中加以说明,如图 4 - 44 所示。

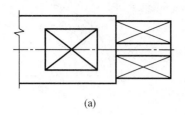 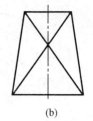

(a)　　　　　　　　　　　　　　　　(b)

图 4-42　用对角线表示平面

(a)轴上的矩形平面画法；(b)锥形平面画法

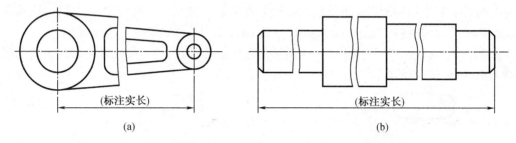

(a)　　　　　　　　　　　　　　　　(b)

图 4-43　较长机件的折断画法

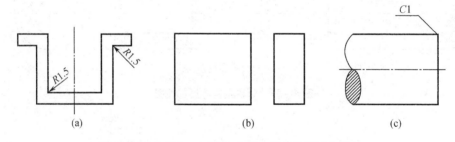

(a)　　　　　　　　(b)　　　　　　　(c)

图 4-44　小圆角、小倒圆、小倒角的简化画法和标注

(a)小倒圆简化；(b)锐边倒圆 0.5；(c)小倒角简化

第五节　读剖视图的方法和步骤

一、读剖视图的方法

在掌握了机件的各种表达方法后，还要进一步根据机件已有的视图、剖视、断面等表达方法，分析了解剖切关系及表达意图，从而想象出机件的内部形状和结构，即读剖视图。要想很快地读懂剖视图，首先应具有读组合体视图的能力，其次应熟悉各种视图、剖视、断面及其表达方法的规则、标注与规定。读图时以形体分析法为主，线面分析法为辅，并根据机件的结构特点，从分析机件的表达方法入手，由表及里逐步分析和了解机件的内外形状和结构，从而想象出机件的实际形状和结构。

二、读剖视图的步骤

下面以图 4-45 所示箱体的剖视图为例，说明读剖视图的步骤。

1. 分析所采用的表达方法，了解机件的大致形状

箱体采用了三个基本视图。因为箱体左右基本对称，主视图采用了半剖视，一半表达箱体主体的外形和前方圆形凸台及三个支承板的形状特征，一半表达箱体的内部结构。因为箱体前后不对称，左视图采用了全剖视，进一步表达箱体内部的结构形状。俯视图主要表达箱体的外形和顶面上的九个螺孔的相对位置以及空腔内部圆锥台和外部三个支承板前后的相对位置，只用了局部剖视表达安装孔的阶梯形状。

2. 以形体分析法为主，看懂机件的主体结构形状

从三个视图的投影可以看出，箱体的主体是一个具有空腔的长方体，上方有一正方形凸台，并有正方形孔与空腔相通；主体前面有一圆形凸台，并有阶梯孔与空腔相通；空腔内部有一竖直的圆锥台，圆锥台中有一上下的通孔。在主视图上可以看到，箱体上方有左右对称的两个支承板，下方也有一个与其形状相同的支承板。根据主、俯、左三个视图的对应关系能看出，三个支承板在后表面是平齐的。

3. 看懂各个细部结构，想象机件的整体形状

在俯视图上采用了两个互相平行的剖切平面进行剖切，根据剖切位置和各视图的对应关系，可以看到在主视图上表达了箱体上方凸台上的螺孔和下方右侧的小孔。左视图上表达了箱体前方凸台上的螺孔和空腔内部圆锥台前方的小孔(相贯线采用了简化画法)及其位置。

同时，在俯、左视图上能看出用简化画法表达了箱体上方和前方均匀分布的螺孔的位置。

通过逐步分析，综合起来思考就能看懂剖视图，进而想象出箱体的真实形状，如图4-45所示。

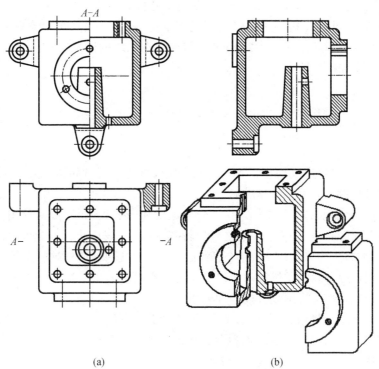

(a)　　　　　　　　　　　　(b)

图4-45　箱体
(a)视图;(b)直观图

第五章　螺纹、齿轮及常用的标准件

知识目标

1. 了解螺纹、螺纹紧固件的规定画法。

2. 理解齿轮的规定画法。

3. 理解键、销、弹簧和滚动轴承的规定画法。

能力目标

1. 能通过查表和计算正确绘制螺纹紧固件的连接图。

2. 能通过查表和计算正确绘制齿轮啮合图。

3. 能通过查表和计算正确绘制键、销配合图。

在各种机器、设备中，常用到螺栓、螺母、垫圈、键、销等零件。为了减轻设计工作量，提高设计速度和产品质量，降低成本，缩短生产周期和便于组织专业化协作生产，国家对这类零件的结构、尺寸和技术要求等实行了标准化。凡全部符合标准规定的零件为标准件；凡不符合标准规定的为非标准件。对于另一类常用到的零件（如齿轮、弹簧等），国家只对它们的部分结构和尺寸实行了标准化，习惯上称这类零件为常用件。

标准件和常用件的结构要素已经定型或基本定型，为了提高绘图效率，对标准件和常用件结构与形状，可不必按其真实投影画出，只要根据相应的国家标准所规定的画法、代号和标记，进行绘图和标注即可。

第一节　螺　　纹

螺纹是在圆柱或圆锥表面上，沿着螺旋线所形成的具有规定牙型的连续凸起和沟槽（凸起是指螺纹两侧面间的实体部分）。

螺纹是零件上常见的一种结构。螺纹分外螺纹和内螺纹两种，成对使用。在圆柱或圆锥外表面上所形成的螺纹，称为外螺纹；在圆柱或圆锥内表面上所形成的螺纹，称为内螺纹。对直径较小的孔或轴，通常采用丝锥和板牙加工内螺纹和外螺纹；大批量生产螺纹紧固件的工厂，则是用自动搓丝机和攻丝机等专用设备加工。

按照螺纹的用途，可将螺纹分成四种类型：

（1）连接和紧固用螺纹，如粗牙普通螺纹、细牙普通螺纹；

（2）管用螺纹，如用螺纹密封的管螺纹、非螺纹密封的管螺纹；

（3）传动螺纹，如梯形螺纹、锯齿形螺纹；

（4）专门用途螺纹，如气瓶螺纹、灯泡螺纹、自行车螺纹等。

一、螺纹的要素

1. 牙型

在通过螺纹轴线的断面上,螺纹的轮廓形状称为牙型,如图 5 - 1 所示。常见的有三角形、梯形和锯齿形等,参见表 5 - 1。

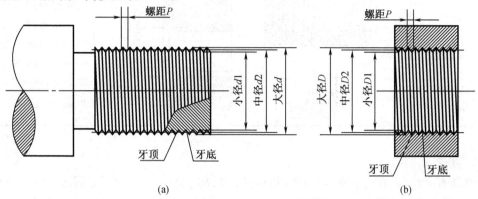

(a)　　　　　　　　　　　　　　　(b)

图 5 - 1　螺纹的各部分名称及代号

(a)外螺纹;(b)内螺纹

表 5 - 1　常见标注螺纹示例

螺纹类型		特征代号	牙型	标注示例	说明
连接和紧固用螺纹	精牙普通螺纹	M		M16-6g	粗牙普通螺纹,公称直径 16 mm,右旋;中径公差带和大径公差带均为 6 g;中等旋合长度
	细牙普通螺纹		60°	M16×1-6H	细牙普通螺纹,公称直径 16 mm,螺距 1 mm,右旋;中径公差带和小径公差带均为 6H;中等旋合长度
常用螺纹	非螺纹密封的管螺纹	G		61 61A	非螺纹密封的圆柱管螺纹 G——螺纹特征代号 I——尺寸代号 A——外螺纹公差等级代号
	用螺纹密封的管螺纹	圆锥内螺纹 Rc	55°	Rc1½ R1½	用螺纹密封的管螺纹 Rc——用螺纹密封的圆锥内螺纹 R——用螺纹密封的圆锥外螺纹 1 ½——尺寸代号
		圆柱内螺纹 Rp			
		圆锥外螺纹 R			

表5-1(续)

螺纹类型		特征代号	牙型	标注示例	说明
传动螺纹	梯形螺纹	Tr	30°	Tr36×12(P6)-7H	梯形螺纹,公称直径36 mm,双线螺纹,导程12 mm,螺距6 mm,右旋,中径公差带为7H;中等旋合长度

2. 直径

直径有大径(d,D)、中径($d2,D2$)和小径($d1,D1$)之分,如图5-1所示。其中外螺纹大径(d)和内螺纹小径($D1$)亦称顶径。

大径,是指与外螺纹牙顶或内螺纹牙底相切的、假想圆柱或圆锥的直径。

小径,是指与外螺纹牙底或内螺纹牙顶相切的、假想圆柱或圆锥的直径。

中径,是指一个假想圆柱或圆锥的直径,该圆柱或圆锥的母线通过牙型上的沟槽和凸起宽度相等的地方。

3. 线数(n)

螺纹有单线和多线之分。沿一条螺旋线所形成的螺纹,称为单线螺纹;沿两条或两条以上在轴向等距分布的螺旋线所形成的螺纹,称为多线螺纹。

4. 螺距(P)和导程(S)

螺距是指相邻两牙在中径线上对应两点间的轴向距离;导程是指同一条螺旋线上的相邻两牙在中径线上对应两点间的轴向距离。螺距和导程是两个不同的概念,如图5-2所示。但是有关系式:螺距 = 导程/线数。

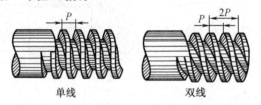

单线　　　　　　　双线

图5-2　螺距与导程

5. 旋向

内、外螺纹旋合时的旋转方向称为旋向。螺纹的旋向有左、右之分:

(1)顺时针旋转时旋入的螺纹,称为右旋螺纹;

(2)逆时针旋转时旋入的螺纹,称为左旋螺纹。

旋向可按下列方法判定:

将外螺纹轴线垂直放置,螺纹的可见部分是右高左低者为右旋螺纹;左高右低者为左旋螺纹,如图5-3所示。

内外螺纹是配合使用的,只有牙型、大径、螺距、线数和旋向等要素都相同时,内、外螺纹才能旋合在一起。

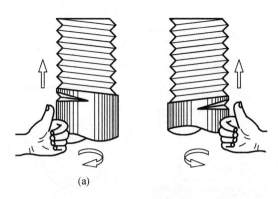

图 5 - 3　螺纹的旋向

(a)左旋；(b)右旋

在螺纹的诸要素中,牙型、大径和螺距是决定螺纹结构规格的最基本的要素,称为螺纹三要素。凡螺纹三要素符合国家标准的,称为标准螺纹;牙型符合标准,直径或螺距不符合标准的为特殊螺纹;牙型不符合国家标准的,称为非标准螺纹(附表 1 中所列的均为标准螺纹)。

二、螺纹的规定画法

螺纹通常采用专用刀具在机床或专用机床上制造,无需画出螺纹的真实投影,因而国标给出了螺纹的规定画法。

1.外螺纹的规定画法如图 5 - 4。

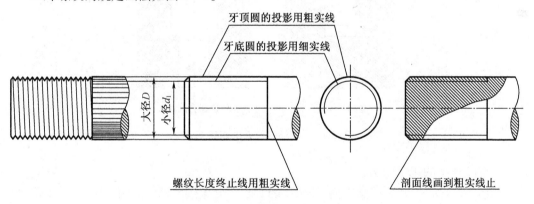

图 5 - 4　外螺纹的规定画法

(1)外螺纹牙顶圆的投影用粗实线表示,牙底圆的投影用细实线表示(牙底圆的投影通常按牙顶圆投影的 0.85 倍绘制),在螺杆的倒角或倒圆部分也应画出。

(2)在垂直于螺纹轴线的投影面的视图中,表示牙底圆的细实线只画约 3/4 圈(空出约 1/4 圈的位置不做规定)。此时,螺杆或螺孔上倒角圆的投影不应画出。

(3)螺纹长度终止线用粗实线表示,剖面线必须画到粗实线处。

2.内螺纹的规定画法

如图 5 - 5 所示,在剖视或断面中,内螺纹牙顶圆的投影和螺纹长度终止线用粗实线表示,牙底圆的投影用细实线表示,剖面线必须画到粗实线。在垂直于螺纹轴线的投影面的视图中,表示牙底圆细实线仍画 3/4 圈,倒角圆的投影仍省略不画。不可见螺纹的所有图线,均用细虚线绘制。

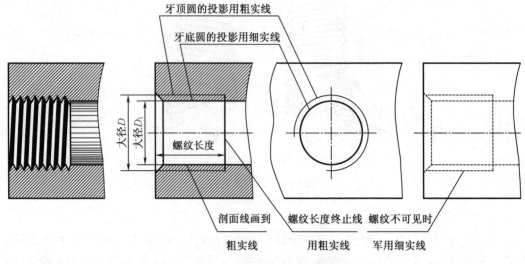

图 5 - 5　内螺纹的规定画法

绘制不通的螺纹孔时,钻孔深度要比螺纹长度长,一般应将钻孔深度与螺孔深度分别画出。且不通孔的锥尖角画成 120°,它是由钻尖顶角(118°)所形成的,无需标注,如图 5 - 6 所示。

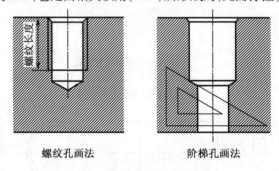

图 5 - 6　不通螺纹孔的规定画法

3. 螺纹连接的规定画法

如图 5 - 7 所示,在剖视图中内、外螺纹的旋合部分应按外螺纹的画法绘制,其余部分仍按各自的规定画法表示。画螺纹连接时,表示内、外螺纹牙顶圆与牙底圆投影的粗实线和细实线应分别对齐。

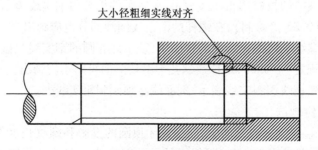

图 5 - 7　螺纹旋合的规定画法

三、螺纹的标记及标注

采用规定画法后,图上无法显示螺纹的牙型、螺距、线数、旋向等要素,因此绘制有螺纹的图样时,必须按照国家标准所规定的标记格式和相应代号进行标注。

1. 普通螺纹的标记

螺纹特征代号 公称直径×螺距 旋向 – 中径公差带 顶径公差带 – 螺纹旋合长度

螺纹特征代号为 M。粗牙普通螺纹不标注螺距,而细牙螺纹要标注螺距(粗牙与细牙的区别见附表1)。多线螺纹要同时标注导程和螺距。左旋螺纹以"LH"表示,右旋螺纹不标注旋向(所有螺纹旋向的标记,均与此规定相同)。

公差带代号由中径公差带和顶径公差带(对外螺纹指大径公差带、对内螺纹指小径公差带)两组公差带组成。大写字母代表内螺纹,小写字母代表外螺纹。若两组公差带相同,则只写一组(常用的公差带见附表1)。在标注螺纹规格尺寸时,螺纹公差带不允许省略。

旋合长度分为短(S)、中等(N)、长(L)三种。一般采用中等旋合长度,此时,N 省略不注。

[例5 – 1] 解释 M18 – 5g6g – S 的含义。

M18 – 5g6g – S 表示粗牙普通外螺纹,大径为 18 mm,螺距为 2.5 mm,右旋,中径公差带为 5g,大径公差带为 6g,短旋合长度。

[例5 – 2] 解释 M14×6(P2)LH – 6H 的含义。

M14×6(P2)LH – 6H 表示粗牙普通内螺纹,大径为 14 mm,3 线螺纹,螺距为 2 mm,左旋,中径和小径公差带均为 6H,中等旋合长度。

2. 梯形螺纹的标记

螺纹特征代号 Tr 公称直径×螺距 旋向 – 螺纹公差代号 – 螺纹旋合长度

梯形螺纹标记与普通螺纹标记相似,但细节略有不同,因此可以将两者统一为

牙型符号 公称直径 × 螺距[或导程(P 螺距)] 旋向 – 螺纹公差代号 – 旋合长度

其中单线螺纹仅仅标注螺距,多线螺纹标注导程和螺距。梯形螺纹无粗牙和细牙之分。

[例5 – 3] 解释 Tr40×7LH – 7e – N 的含义。

Tr40×7LH – 7e – N 表示单线梯形外螺纹,大径为 40 mm,螺距为 7 mm,左旋,中径和大径的公差带均为 7e,中等旋合长度。

[例5 – 4] 解释 Tr36×12(P6)LH – 8e – L 的含义。

Tr36×12(P6)LH – 8e – L 表示双线梯形外螺纹,大径为 36 mm,螺距为 6 mm,左旋,中径和大径的公差带均为 8e,长旋合长度。

3. 用螺纹密封的管螺纹标记

螺纹特征代号 尺寸代号 – 旋向代号

(1)螺纹特征代号:Rc 表示圆锥内螺纹,Rp 表示圆柱内螺纹,R 表示圆锥外螺纹。

(2)尺寸代号用 $\frac{1}{2}$,$\frac{3}{4}$,1,$1\frac{1}{2}$…表示,详见附表2。

[例5 – 5] 解释 R $\frac{3}{4}$ 的含义。

R $\frac{3}{4}$ 表示用螺纹密封的右旋圆锥外螺纹,尺寸代号为 $\frac{3}{4}$。

[例5-6] 解释 $Rc\frac{3}{4}-LH$ 的含义。

$Rc\frac{3}{4}-LH$ 表示用螺纹密封的左旋圆锥内螺纹,尺寸代号为$\frac{3}{4}$。

需注意,管螺纹的尺寸代号不是管螺纹本身任何一个直径的尺寸,而是该螺纹所在管子的公称通径(管径),它代表着某某公称通径管子上的螺纹尺寸。管螺纹的大径、中径、小径及螺距等具体尺寸,只有通过查阅相关的国家标准才能知道。

4.螺纹的标注方法

(1)公称直径以毫米为单位的螺纹(如普通螺纹、梯形螺纹等),其标记应直接注在大径的尺寸线上或其引出线上,如图5-8所示。

(2)管螺纹的标记一律注在引出线上,引出线应由大径处或中心处引出,如图5-8所示。

(3)标注的螺纹长度,是指不包括螺尾在内的有效螺纹长度。

关于螺纹标记和标注方法的应用,参见附表2中的标注示例。

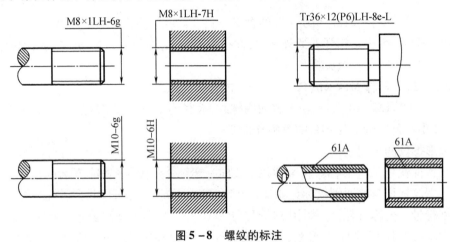

图5-8 螺纹的标注

第二节 螺纹紧固件

在机器设备上,常见的螺纹连接形式有螺栓连接、螺柱连接和螺钉连接。螺纹紧固件包括螺栓、螺柱、螺钉、螺母、垫圈等,它们一般由标准件厂生产,设计及使用时只要知道其规定标记,就可以从有关标准中查出它们的结构、形式及全部尺寸。

一、螺纹紧固件的规定标记及画法

1.螺纹紧固件标记

螺纹紧固件标记的内容包括:标准件的名称、标准编号、规格和机械性能等。常用螺纹紧固件的规定标记及示例,如表5-2所示。

2.常见螺纹紧固件的画法

(1)国家标准画法

螺纹紧固件的各部分尺寸已全部标准化,根据公称直径 D 和标准编号,可在相应的标准中查到全部尺寸,依尺寸画图。

①查标准:D,e,m,d_w,c,s,D_1。

②根据所查到的尺寸画图:以 s 为直径画圆;作圆的外截六边形——作出六棱柱的主视图;以 d_w 作圆,求出30°的倒角圆锥;求出圆锥和六棱柱侧面交线的最高点;用圆弧代替相贯线的投影,分别求圆心,求出近似的相贯线和螺孔的小径、大径。

(2)比例画法

是一种简便画法,不用查表,以公称直径 d,D 为基数,紧固件的各部分尺寸均以 d,D 为基数按比例取值,近似地画出螺纹紧固件的图形。

注:按比例画法所得到的各部分尺寸,只是为了不用查表而画出近似的图形,并不是螺纹紧固件真实的尺寸。若需要标注螺纹紧固件的有关尺寸时,还必须标明相应标准中的尺寸数值并按规定进行标注。

表 5 − 2 常见螺纹紧固件的规定标记

名称	标记	画法和尺寸标注
六角头螺栓	螺栓 GB/T 5780—2000 M5 × 30	
双头螺柱	螺柱 GB/T 898—1988 M6 × 30	
I 型六角螺母	螺母 GB/T 75—1986 M6	
弹簧垫圈	垫圈 GB/T 93—1987 6	

二、螺纹紧固件的装配图画法

螺纹紧固件的连接有三种类型:螺栓连接、螺柱连接、螺钉连接。

把螺栓(或螺柱、螺钉)与螺母、垫圈及被连接件装配在一起而画出的视图或剖视图,称为螺纹紧固件的装配图。

在画螺纹紧固件的装配图时,应遵守如下规定:

——两零件接触面处画一条粗实线。

——作剖面图时:剖切平面通过螺纹紧固件的轴线时,螺栓、螺柱、螺钉、螺母、垫圈等,都按不剖绘制;互相接触的零件,它们的剖面线方向应该相反,或者两零件的剖面线的方向相同时而间距不同。

1. 螺栓连接

螺栓连接是将螺栓的杆身穿过两个被连接零件上的通孔,套上垫圈,再用螺母拧紧,使两个零件连接在一起的一种连接方式,如图5-9所示。这种连接方式适用于连接两个不太厚的零件。

为提高画图速度,对连接件的各个尺寸,可不按相应的标准数值画出,而是采用近似画法。此时,除螺栓长度1需计算并取标准值外,其他各个部分都取与螺栓直径成一定的比例来绘制。

螺栓、螺母、垫圈的各部尺寸比例关系,参见表5-3,螺栓长度 l 按下式计算:

$$l = \delta_1 + \delta_2 + m + h + a$$

式中　δ_1,δ_2——被连接件的厚度;

　　　m——螺母的厚度;

　　　h——垫圈的厚度;

　　　a——一般取 $a = 0.3d$。

表 5-3　螺栓连接件近似画法的比例关系

部位	尺寸比例	部位	尺寸比例	部位	尺寸比例	部位	尺寸比例
螺栓	$b = 2d$ $k = 0.7d$ $R = 1.5d$ $R_1 = d$	螺栓	$e = 2d$ $d_1 = 0.85d$ $c = 0.1d$ s 由作图决定	螺母	$e = 2d$ $R = 1.5d$ $R_1 = d$ $m = 0.8d$ r 由作图决定 s 由作图决定	平垫圈	$h = 0.15d$ $d_2 = 2.2d$
						被连接件	$D_0 = 1.1d$

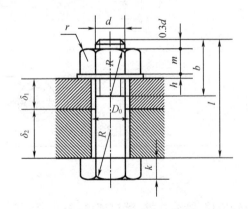
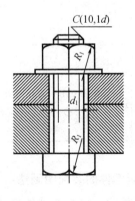

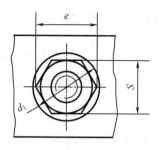

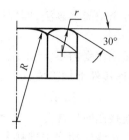

图5-9　螺栓连接图

画图时要注意下列基本规定。

(1)在装配图中,螺纹紧固件上的工艺结构,如倒角、退刀槽、缩颈、凸肩等均省略不画。螺栓连接还可采用简化画法,其螺栓倒角、六角头头部曲线等均可省略不画。使用弹簧垫圈时,用一条特粗斜线(约$2d$)表示垫圈的开口,倾斜方向及角度如图5-10(a)所示。

(2)两个零件接触面处只画一条粗实线,不得将轮廓线特意加粗。凡不接触的表面,不论间歇多小,在图上应画出间隙。若间隙过小时,应夸大画出。

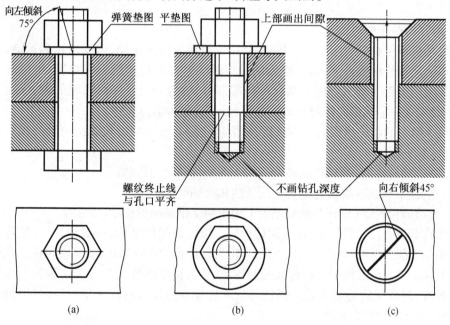

图5-10　螺纹紧固件的简化画法

2.螺柱、螺钉连接画法简介

(1)螺柱连接

双头螺柱多用在较厚被连接件之间,不便使用螺栓连接的地方;或因拆卸频繁不宜使用螺钉的地方。这种连接是在机体上加工出螺孔,而另一端穿过被连接零件的通孔,放上垫圈后再拧紧螺母的一种连接方式,其连接画法如图5-10(b)所示。

画螺柱连接图时应注意:

①螺柱旋入端的螺纹长度终止线与两个被连接件的接触面应画成一条线,表示旋入端已经拧紧。

②螺孔可采用简化画法,即仅按螺孔深度画出,而不画钻孔深度。

（2）螺钉连接

螺钉连接用在受力不大和不经常拆卸的地方。这种连接是在较厚的机件上加工出螺孔,而另一被连接件上加工成通孔,用螺钉穿过通孔拧入螺孔,从而达到连接的目的,其简化画法如图 5 - 10(c)所示。

画螺钉连接图时应注意:

①螺纹终止线应超出被连接零件之间的接触面,表示螺钉虽已拧紧,尚有拧紧的余量;

②螺钉头部的一字槽,在俯视图中画成与水平线成 45°、自左下向右上的斜线,槽的宽度小于 2 mm 时,槽的投影可以涂黑。

在装配图中,若需要绘制螺纹紧固件时,应尽量采用简化画法,既可减少绘制的工作量,又能提高绘图速度,增加图样的明晰度,使图样的重点更加突出。

第三节　齿　轮

一、齿轮的基本知识

齿轮是机械传动中应用广泛的传动零件,它可用来传递运动,改变转速和运动,但必须成对使用。通过齿轮啮合,可将一根轴的动力及旋转运动传递给另一根轴,也可改变转速和旋转方向。齿轮上每一个用于啮合的凸起部分,称为轮齿。一对齿轮的齿,依次交替的接触,从而实现一定规律的相对运动的过程和形态,称为啮合。

由两个啮合的齿轮组成的基本机构,称为齿轮副。常用的齿轮副按两轴的相对位置不同,分成如下三种:

（1）平行轴齿轮副（圆柱齿轮啮合）用于两平行轴间的传动;

（2）相交轴齿轮副（锥齿轮啮合）用于两相交轴间的传动;

（3）交错轴齿轮副（蜗杆与蜗轮啮合）用于两交错轴间的传动。

分度曲面为圆柱面的齿轮,称为圆柱齿轮。圆柱齿轮的结构,一般由轮齿、轮缘、轮辐、轮毂和轴孔等部分组成,如图 5 - 11 所示。轮齿是齿轮的主要结构,有标准可循。凡轮齿符合标准中规定的为标准齿轮。在标准的基础上,轮齿做某些改变的为变位齿轮。齿轮轮齿的齿形曲线,最常用的是渐开线。圆柱齿轮的轮齿有直齿、斜齿、人字齿等,其中最常用的是直齿圆柱齿轮,简称直齿轮。

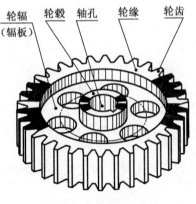

轮辐（辐板）　轮毂　轴孔　轮缘　轮齿

图 5 - 11　齿轮的结构

二、直齿轮轮齿的各部分名称及代号

直齿轮轮齿的各部分名称及代号如图 5 − 12 所示。

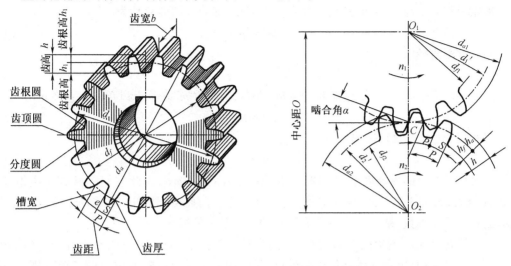

图 5 − 12 直齿圆柱齿轮的各部分名称及代号

（1）顶圆（齿顶圆，d_a）在圆柱齿轮上，其齿顶圆柱面与端平面的交线，称为齿顶圆。

（2）根圆（齿根圆，d_f）在圆柱齿轮上，其齿根圆柱面与端平面的交线，称为齿根圆。

（3）分度圆（d）和节圆（d'）圆柱齿轮的分度曲面与端平面的交线，称为分度圆；平行轴齿轮副中，圆柱齿轮的节曲面与端平面的交线，称为节圆。在标准齿轮中，两齿轮分度曲面相切，即 $d = d'$。

（4）齿顶高（h_a）齿顶圆与分度圆之间的径向距离，称为齿顶高。标准齿轮的 $h_a = m$（m为模数）。

（5）齿根高（h_f）齿根圆与分度圆之间的径向距离，称为齿根高。标准齿轮的 $h_f = 1.25m$（m 为模数）。

（6）齿高（h）齿顶圆与齿根圆之间的径向距离，称为齿高。

（7）端面齿距（简称齿距，p）两个相邻而同侧的端面齿廓之间的分度圆弧长，称为端面齿距。

（8）端面齿槽宽（简称槽宽，e）齿轮上两相邻齿轮之间的空间称为齿槽。在端平面上，一个齿槽的两侧齿廓之间的分度圆弧长，称为槽宽。

（9）端面齿厚（简称齿厚，s）在圆柱齿轮的端平面上，一个齿的两侧端面齿廓之间的分度圆弧长，称为齿厚。在标准齿轮中，槽宽与齿厚各为齿距的一半，即

$$s = e = p/2, p = s + e$$

（10）齿宽（b）齿轮的有齿部位沿分度圆柱面的直母线方向量度的宽度，称为齿宽。

（11）啮合角和压力角（α）在一般情况下，两相啮轮齿的端面齿廓在接触点处的公法线，与两节圆的内公切线所夹的锐角，称为啮合角；对于渐开线齿轮，指的是两相啮轮齿在节点上的端面压力角。标准齿轮的啮合角 $\alpha = 20°$。

（12）齿数（z）一个齿轮的轮齿总数。

（13）中心距（a）平行轴或交错轴齿轮副的两轴线之间的最短距离，称为中心距。

三、直齿轮的基本参数与轮齿各部分的尺寸关系

1. 模数

齿轮上有多少齿,在分度圆周上就有多少齿距,即分度圆周总长为

$$\pi d = zp \tag{1}$$

则分度圆直径

$$d = (p/\pi)z \tag{2}$$

齿距 p 除以圆周率 π 所得的商,称为齿轮的模数,用符号"m"表示,尺寸单位为毫米(mm),即

$$m = p/\pi \tag{3}$$

将式(3)代入式(2),得出

$$d = mz \tag{4}$$

一对相互啮合的标准齿轮,其齿距 p 应相等;由于 $p = m\pi$,因此它们的模数亦应相等。模数 m 越大,轮齿就越大;模数 m 越小,轮齿就越小。由此可以看出,模数是表征齿轮轮齿大小的一个重要参数,是计算齿轮主要尺寸的一个基本依据。

为了简化和统一齿轮的轮齿规格,提高齿轮的互换性,便于齿轮的加工、修配,减小齿轮刀具的规格品种,提高其系列化和标准化程度,国家标准对齿轮的模数做了统一规定,见表 5 - 4。

表5-4 标准模数 /mm

齿轮类型	模数系列	标准模数
圆柱齿轮	第一系列(优先选用)	1,1.25,1.5,2,2.5,3,4,5,6,8,10,12,14,16,20,25,32,40,50
	第二系列(可以选用)	1.75,2.25,2.75,3.5,4.5,5.5,7,9,14,18,22,28,36,45

2. 模数与轮齿各部分的尺寸关系

对于标准直齿圆柱齿轮而言,齿轮的模数确定后,按照与模数 m 的比例关系,可计算出轮齿部分的各基本尺寸,详见表 5 - 5。

表5-5 直齿圆柱齿轮各部分尺寸关系 /mm

名称及代号	计算公式	名称及代号	计算公式
模数 m	按 $m = d/z$ 计算,再查表 5 - 3 取标准值	分度圆直径 d	$D = mz$
齿顶高 h_a	$h_a = m$	齿顶圆直径 d_a	$d_a = d + 2h_a = m(z + 2)$
齿根高 h_f	$h_f = 1.25m$	齿根圆直径 d_f	$d_f = d - 2h_f = m(z - 2,5)$
齿高 h	$h = 2.25m$	中心距 a	$a = (d_1 + d_2)/2 = m(z_1 + z_2)/2$

四、直齿轮的规定画法

1. 单个齿轮的规定画法

图 5 - 13 为单个圆柱齿轮的规定画法。

(1)齿顶圆和齿顶线用粗实线绘制;分度圆和分度线用细点画线绘制;齿根圆或齿根线用细实线绘制或省略不画。

（2）在剖视中,当剖切平面通过齿轮的轴线时,轮齿一律按不剖处理,而齿顶线、齿根线均用粗实线绘制,分度线仍用点画线绘制。

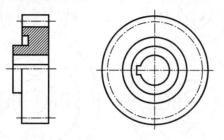

图5-13　单个直齿圆柱齿轮画法

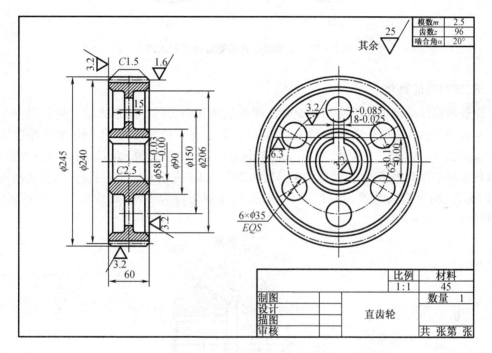

图5-14　直齿圆柱齿轮零件图

2.齿轮啮合时的规定画法

（1）在剖视中,两轮齿啮合部分的分度线重合,用细点画线绘制;在啮合区内,一个轮齿用粗实线绘制,另一个轮齿被遮挡的部分用细虚线绘制（也可省略不画）,其余部分仍按单个齿轮的规定画法绘制,如图5-15（a）所示。

（2）在表示齿轮端面的视图中,两齿轮分度圆应相切,相切的两个节圆用点画线绘制;啮合区内的齿顶圆均用粗实线绘制,并画入啮合区,如图5-15（b）所示,其省略画法如图5-15（c）所示。

（3）若不作剖视,则啮合区内的分度线用粗实线绘制,如图5-15（d）所示。

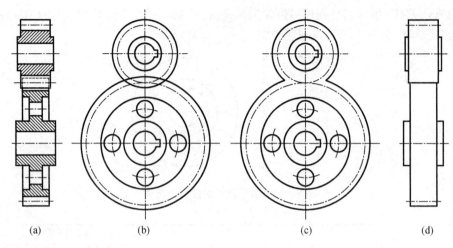

(a)　　　　　(b)　　　　　(c)　　　　　(d)

图 5 – 15　直齿圆柱齿轮啮合的规定画法

五、锥齿轮的简介

圆锥齿轮传动是用来传递两相交轴之间的运动和动力的。圆锥齿轮的轮齿是分布在一个圆锥面上的。与圆柱齿轮相对应,在圆锥齿轮上有齿顶圆锥、分度圆锥和齿根圆锥等等。又因圆锥齿轮是一个锥体,故有大端和小端之分。为了计算和测量的方便,通常取圆锥齿轮大端的参数为标准值,其压力角一般为20°。圆锥齿轮的轮齿有直齿、斜齿及曲齿等多种形式。由于直齿圆锥齿轮的设计、制造和安装均较为简便,故应用最为广泛,如图5 – 16所示。

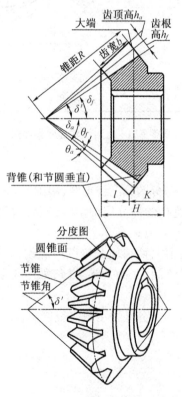

图 5 – 16　锥齿轮示意图

第四节 其他标准件

一、键连接

要使轴和装在轴上的齿轮(带轮)同时转动,又便于拆卸,通常在轴与轮毂的接触面装上键,起轴向传动扭矩作用。

键连接有多种形式,各有其特点和适用场合。平键连接制造简单,装拆方便,应用最为广泛。普通平键有圆头(A 型)、平头(B 型)和单圆头(C 型)三种形式,其形状如附表 8 所示。

普通平键是标准件。选择平键时,先根据轴径 d 从国家标准中查取键的截面尺寸 $b \times h$,然后按轮毂宽度 B 选定键长 L,一般 $L = B - (5 \sim 10)$ mm,并取 L 为标准值。键和键槽的形式、尺寸以及键的标记示例,参见附表 8。

在键连接的轴与轮毂孔上需加工出键槽,轴及轮毂孔上的键槽画法及尺寸标注方法如图 5－17 所示。

图 5－18 表示键连接的画法。在平行于轴线的视图上,轴应采用局部剖视,将键的长度方向表示出来;在垂直于轴线的视图上,采用全剖视,将键的横截面及键同轮毂及轴的接触面表示清楚。应当注意:平键与键槽在顶面不接触,应画出间隙;键的倒角省略不画;沿键的纵向剖切时,键按不剖处理。

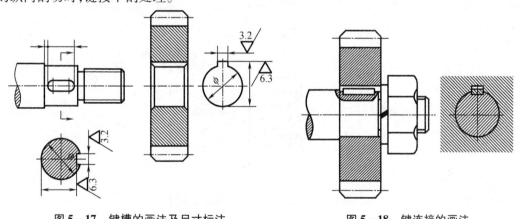

图 5－17 键槽的画法及尺寸标注　　　　　图 5－18 键连接的画法

二、销连接

销连接主要用于零件之间的定位作用,适宜于传递不大的载荷。用销连接和定位的两零件上的销孔,一般需一起加工。销的类型较多,但最常见的两种基本类型是圆柱销和圆锥销,如图 5－19 所示。

销是标准件。销的形式、尺寸及标记方法,见附表 9、附表 10。

图 5－20 表示销连接的画法。当剖切平面沿销的轴线(即纵向)剖切时,销按不剖处理(若剖切平面垂直轴线剖切时,按剖视处理);销的倒角也可省略不画。

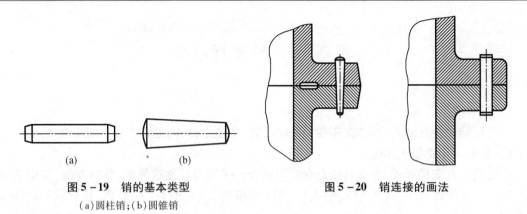

图 5 - 19　销的基本类型　　　　　图 5 - 20　销连接的画法

(a)圆柱销;(b)圆锥销

三、弹簧

作为弹性元件,弹簧广泛应用于缓冲、吸振、夹紧、测力、储能等机构中。它的特点是在弹性限度内,受外力作用而变形,去掉外力后,弹簧能立即恢复原状。弹簧的种类很多,螺旋弹簧(拉簧、压簧)、涡卷弹簧(钟表用)、碟形弹簧、板形弹簧(汽车用)等。这里只介绍圆柱螺旋弹簧。

1. 圆柱螺旋弹簧的各部分名称及尺寸关系

圆柱螺旋弹簧的各部分名称及尺寸关系如图 5 - 21 所示。

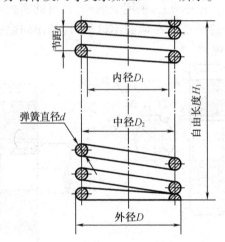

图 5 - 21　圆柱螺旋弹簧各部分名称

(1)弹簧钢丝直径 d。

(2)弹簧外径 D。

(3)弹簧内径 D_1,$D_1 = D - 2d$。

(4)弹簧中径 D_2,$D_2 = \dfrac{D + D_1}{2}$。

(5)节距 t,除两端支承圈外,相邻两圈的轴向距离。

(6)支承圈数 n_2——为了使弹簧压缩时,各圈受力均匀,保持弹簧轴线始终垂直于支承面,将弹簧两端压紧 1.5 ~ 2.5 圈,然后磨平两头端面,使之垂直于弹簧的轴线,被磨平压紧的两端称为支承圈。

(7)有效圈数 n——在给弹簧加压或减压时,始终保持各节距相等的变化,是参加工作的有效圈数,是计算弹簧受力的主要依据。

（8）总圈数 n_1，n_1 = 有效圈数 n + 支承圈数 n_2。

（9）自由长度 H_0——无外力作用下的长度。

（10）弹簧钢丝展开长度 $L \approx n_1 \sqrt{(\pi D_2)^2 + t^2}$。

（11）弹簧每圈的展开长度 $L \approx n_1 \sqrt{(\pi D_2)^2 + t^2}$，可取近似值 $L = \pi D$。

2. 圆柱螺旋弹簧的规定画法

圆柱螺旋弹簧可画成视图、剖视，如图 5 - 22 所示。

画图时，应注意以下几点：

（1）圆柱螺旋弹簧在平行于轴线的投影面上的投影，其各圈的外形轮廓应画成直线。

（2）有效圈数在四圈以上的螺旋弹簧，允许每端只画两圈（不包括支承圈），中间各圈可省略不画，用通过弹簧钢丝断面中心的点画线连起来。当中间部分省略后，也可适当的缩短图形的长（高）度，如图 5 - 22（a）（b）所示。

（3）在装配图中，在装配图中，弹簧后面被挡住的零件轮廓不必画出，如图 5 - 23（a）所示。若簧丝直径在图形上等于或小于 2 mm，剖面可用涂黑表示，如图 5 - 23（b）所示。

（4）螺旋弹簧均可画成右旋，但左旋弹簧，不论画成左旋或右旋，一律要加注出旋向"LH"。

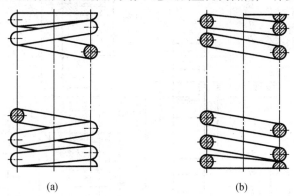

(a)　　　　　　　　　(b)

图 5 - 22　圆柱螺旋弹簧的画法

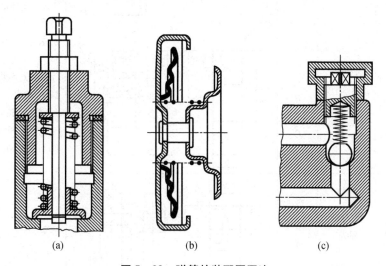

(a)　　　　　　　　(b)　　　　　　　　(c)

图 5 - 23　弹簧的装配图画法

四、滚动轴承

滚动轴承是支承轴并承受轴上载荷的标准组件，具有结构紧凑、摩擦阻力小，动能损耗少和旋转精度高等优点,使用广泛。轴承的种类很多,但结构大致相同,一般由内圈、滚动体、保持架和外圈等四部分组成。滚动轴承由专业厂生产,用户根据实际需要情况来确定型号,因而不需要画出零件图,只要在装配图中,按照国标相关规定将其主要尺寸简化画出并详细标注即可。

在装配图中,滚动轴承有规定画法、特征画法和通用画法三种,可以根据需要选择任意一种画法。常用滚动轴承的规定画法和特征画法如表 5-6 所示。

表 5-6　滚动轴承的规定画法和特征画法

结构形式和代号	类型名称和标准号	查表所得主要数据	特征画法	规定画法	说明
 6	深沟球轴承 GB/T 276—1994	D d B	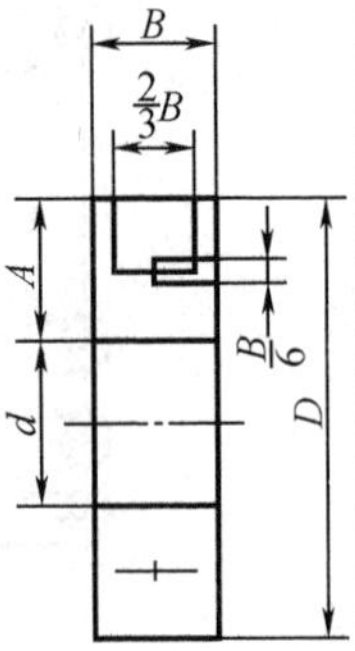	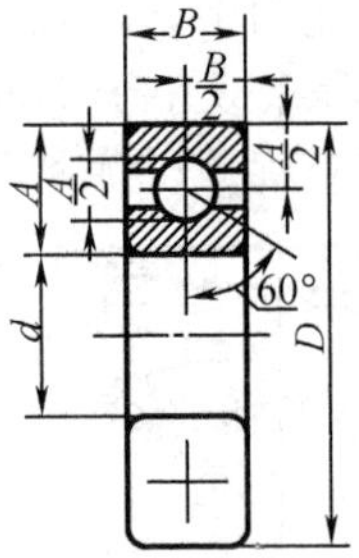	
 N	内圈无挡边圆柱滚子轴承 BG/T 283—1994	D d B		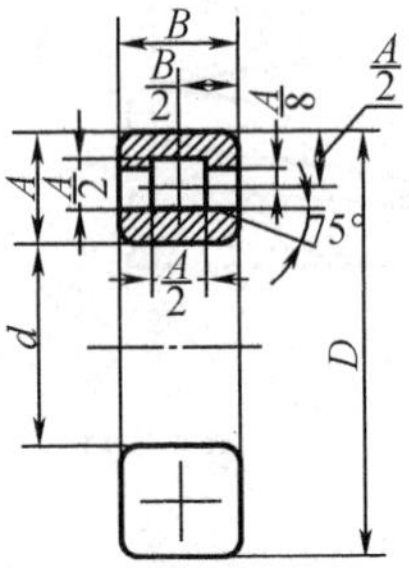	1. 滚动轴承代号的数字意义 6 17 04 — 内径代号 $d=20$ mm — 尺寸系列代号 (指相同内径的轴承有不同的外径尺寸) — 轴承类型代号,6 表示深沟球轴承
 3	圆锥滚子轴承 GB/T 297—1994	D d B T C	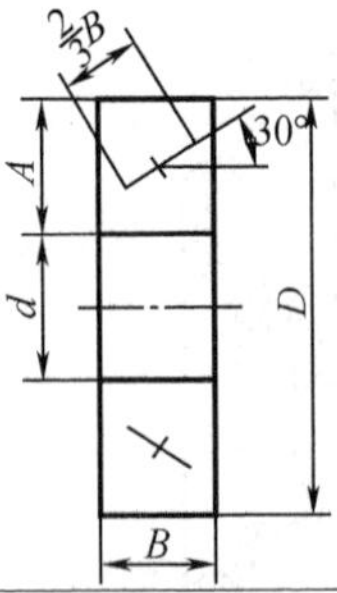	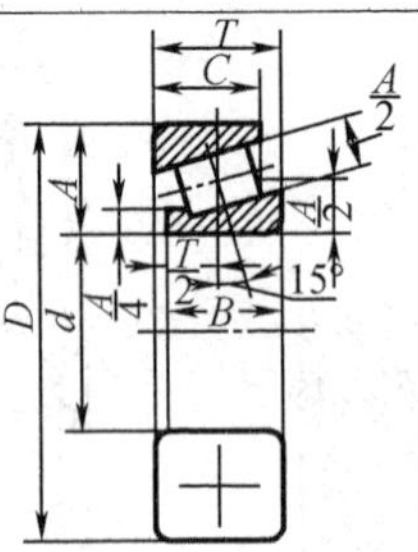	2. 表示孔径的数字从"04"开始,用这组数字乘以 5 即得孔径;04 以上查表 3. 滚动轴承的类型、尺寸、特性和编号规则请查阅有关标准
 5	推力球轴承 GB/T 301—1995	D d T	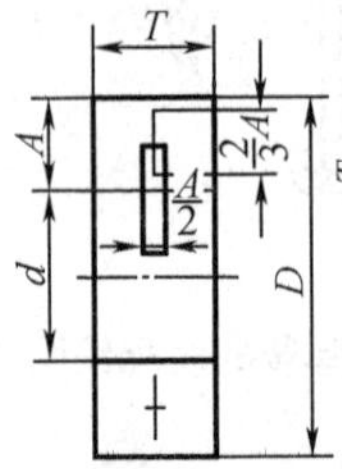	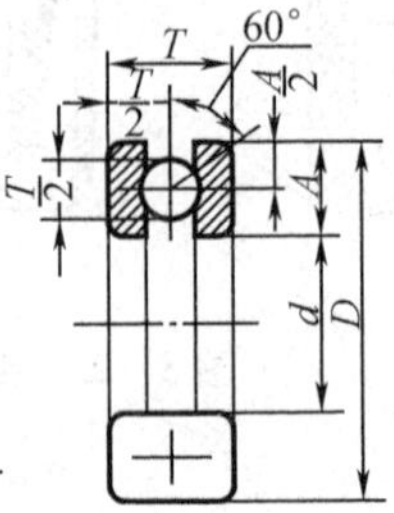	

第六章 零 件 图

知识目标

1. 理解零件图作用和表达内容。

2. 掌握常见零件的表达方法。

3. 掌握零件的尺寸标注和表面粗糙度标注方法。

能力目标

1. 能根据轴套类、轮盘类、板盖类、叉架类和箱壳类零件特点正确表达零件形状。

2. 能根据轴套类、轮盘类、板盖类、叉架类和箱壳类零件特点正确标注零件尺寸标注和表面粗糙度。

第一节 零件图概述

一、零件图的作用

零件是组成机器或部件的基本单位。零件图是用来表示零件结构形状、大小及技术要求的图样，是直接指导制造和检验零件的重要技术文件。机器或部件中，除标准件外，其余零件，一般均应绘制零件图，如图6-1，图6-2所示。

图6-1 轴类零件

二、零件图的内容

1. 一组视图：用以完整、清晰地表达零件的结构和形状，如图6-2所示。

2. 全部尺寸：用以正确、完整、清晰、合理地表达零件各部分的大小和各部分之间的相对位置关系，如图6-2所示。

3. 技术要求：用以表示或说明零件在加工、检验过程中所需的要求。如尺寸公差、形状和位置公差、表面粗糙度、材料、热处理、硬度及其他要求。技术要求常用符号或文字来表示，如图6-2所示。

4. 标题栏：标准的标题栏由更改区、签字区、其他区、名称及代号区组成。一般填写零件的名称、材料标记、阶段标记、质量、比例、图样代号、单位名称以及设计、制图、审核、工艺、标准化、更改、批准等人员的签名和日期等内容。学校一般用校用简易标题栏，如图

6 – 2所示。

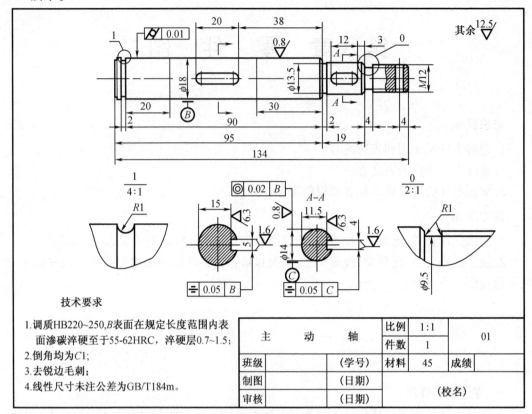

图 6 – 2　轴零件图

第二节　零件视图表达的选择

一、主视图的选择

主视图是零件的视图中最重要的视图,选择零件图的主视图时,一般应从主视图的投射方向和零件的摆放位置两方面来考虑。

1. 选择主视图的投射方向

形体特征原则:所选择的投射方向所得到的主视图应最能反映零件的形状特征,如图6 – 3所示。

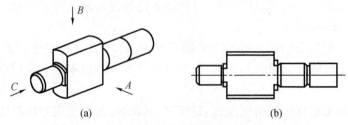

(a)　　　　　　　　　　　(b)

图 6 – 3　主视图选择

(a)参考视向;(b)视向选择

2.选择主视图的位置

当零件主视图的投射方向确定以后,还需确定主视图的位置。所谓主视图的位置,即是零件的摆放位置。一般分别从以下几个原则来考虑:

(1)工作位置原则 所选择的主视图的位置,应尽可能与零件在机械或部件中的工作位置相一致,如图6-4所示。

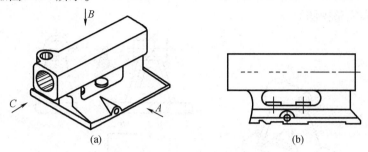

图6-4 主视图工作位置选择

(a)参考视向;(b)视向选择

(2)加工位置原则 工作位置不易确定或按工作位置画图不方便的零件,主视图一般按零件在机械加工中所处的位置作为主视图的位置,方便工人加工时看图。

该零件的主要加工方法是车削,有些重要表面还要在磨床上进一步加工。为了便于工人对照图样进行加工,故按该轴在车床和磨床上加工时所处的位置(轴线侧垂放置)来绘制主视图,如图6-5所示。

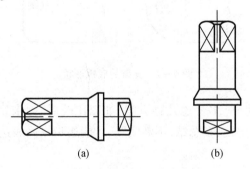

图6-5 主视图加工位置选择

(a)加工位置;(b)工作位置

(3)自然摆放稳定原则 如果零件为运动件,工作位置不固定,或零件的加工工序较多其加工位置多变,则可按其自然摆放平稳的位置作为画主视图的位置。

主视图的选择,应根据具体情况进行分析,从有利于看图出发,在满足形体特征原则的前提下,充分考虑零件的工作位置和加工位置。

二、其他视图的选择

对于简单的轴、套、球类零件,一般只用一个视图,再加所注的尺寸,就能把其结构形状表达清楚。对于一些较复杂的零件,一个主视图是很难把整个零件的结构形状表达完全的。一般在选择好主视图后,还应选择适当数量的其他视图与之配合,才能将零件的结构形状表达清楚。一般应优先选用左、俯视图,然后再选用其他视图。

一个零件需要多少视图才能表达清楚,只能根据零件的具体情况分析确定。考虑的一般原则是,在保证充分表达零件结构形状的前提下,尽可能使零件的视图数目为最少。应使每一个视图都有其表达的重点内容,具有独立存在的意义。

下图 6-6 所示的支架,主视图确定后,为了表达中间部分的结构形状,选用左视图,并在主视图上作移出断面表示其断面形状。为了表达清楚底板的形状,补充了 B 向局部视图(也可画成 B 向完整视图)。

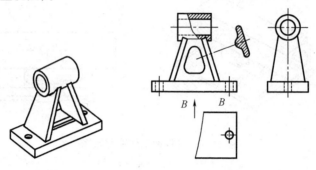

图 6-6　支架的零件图

如果没有 B 向局部视图,仅以主、左两个视图是不能完全确定底板的形状的。因为底板如果做成下图 6-7 所示的两种不同的形状,仍然符合主、左视图的投影关系。

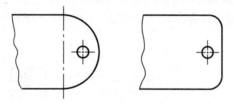

图 6-7　支架的底板形状

在零件的视图选择时,应多考虑几种方案,加以比较后,力求用较好的方案表达零件。另外,通过多画、多看、多比较、多总结,不断实践,才能逐步提高表达能力。

第三节　常见零件的表达分析

常见的零件可以分成五种类型:轴套类、轮盘类、板盖类、叉架类和箱壳类。

一、轴套类零件

这类零件包括各种轴、丝杆、套筒、衬套等,如图 6-8 所示。

1. 结构特点

轴套类零件大多数由位于同一轴线上数段直径不同的回转体组成,其轴向尺寸一般比径向尺寸大。这类零件上常有键槽、销孔、螺纹、退刀槽、越程槽、顶尖孔(中心孔)、油槽、倒角、圆角、锥度等结构。

2. 表达方法

(1)轴套类零件一般主要在车床和磨床上加工,为便于操作人员对照图样进行加工,通常选择垂直于轴线的方向作为主视图的投射方向。按加工位置原则选择主视图的位置,即将轴类零件的轴线侧垂放置,如图6-9所示。

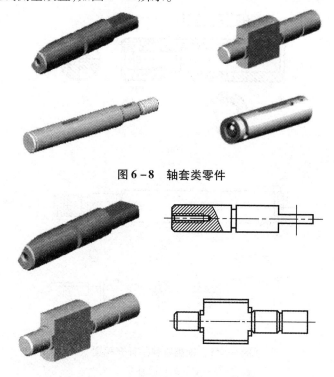

图6-8 轴套类零件

图6-9 轴类零件的主视图选择

（2）一般只用一个完整的基本视图(即主视图)即可把轴套上各回转体的相对位置和主要形状表示清楚,如图6-10(a)(b)所示。

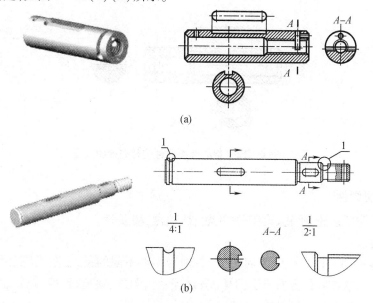

(a)

(b)

图6-10 轴类零件的主视图

（a）套筒类;（b）轴类

（3）常用局部视图、局部剖视、断面、局部放大图等补充表达主视图中尚未表达清楚的部分，如下图6-11所示。

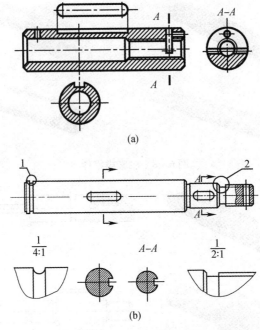

(a)

(b)

图6-11 轴类零件的补充视图

（a）套筒类；（b）轴类

（4）对于形状简单而轴向尺寸较长的部分常断开后缩短绘制。

（5）空心套类零件中由于多存在内部结构，一般采用全剖、半剖或局部剖绘制。如下图6-12所示。

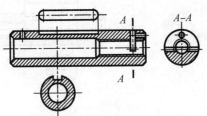

图6-12 空心套类零件的补充视图

二、轮盘类零件

这类零件包括齿轮、手轮、皮带轮、飞轮、法兰盘、端盖等。

1. 结构特点

轮盘类零件的主体一般也为回转体，与轴套零件不同的是，轮盘类零件轴向尺寸小而径向尺寸较大。这类零件上常有退刀槽、凸台、凹坑、倒角、圆角、轮齿、轮辐、筋板、螺孔、键槽和作为定位或连接用孔等结构。

2. 表达方法

由于轮盘类零件的多数表面也是在车床上加工的，为方便工人对照看图，主视图往往也按加工位置摆放。

（1）选择垂直于轴线的方向作为主视图的投射方向。主视图轴线侧垂放置。

（2）若有内部结构,主视图常采用半剖或全剖视图或局部剖表达。

（3）一般还需左视图或右视图表达轮盘上连接孔或轮辐、筋板等的数目和分布情况。

（4）还未表达清楚的局部结构,常用局部视图、局部剖视图、断面图和局部放大图等补充表达。

下图6-13是车床上的手轮,选择主、左两个基本视图,并用一个移出断面和一个局部放大图补充表达轮辐的断面形状和轮辐与轮缘的连接情况。

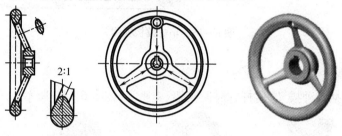

图6-13 手轮零件图

三、盖板类零件

这类零件包括各种垫板、固定板、滑板、连接板、工作台、箱盖等。

1.结构特点

板盖类零件的基本形状是高度方向尺寸较小的柱体,其上常有凹坑、凸台、销孔、螺纹孔、螺栓过孔和成形孔等结构。此类零件常由铸造后,经过必要的切削加工而成。

2.表达方法

（1）板盖类零件一般选择垂直于较大的一个平面的方向作为主视图的投射方向。零件一般水平放置（即按自然平稳原则放置）,如图6-14所示。

（2）主视图常用阶梯剖或复合剖的方法画成全剖视图。

（3）除主视图外,常用俯视图或仰视图表示其上的结构分布情况。

（4）未表示清楚的部分,常用局部视图、局部剖视来补充表达。

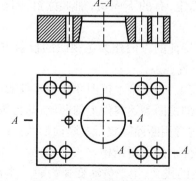

图6-14 板盖类零件视图

下图6-15所示为箱体盖板,主视图采用复合剖切方法画成了全剖视图。

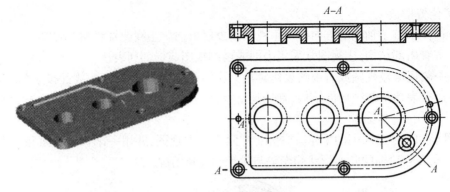

图 6 – 15   箱体盖板视图

四、叉架类零件

这类零件包括各种拨叉、连杆、摇杆、支架、支座等,如图 6 – 16 所示。

图 6 – 16   叉架类零件

1. 结构特点

叉架类零件结构形状大都比较复杂,且结构相同的不多。这类零件多数由铸造或模锻制成毛坯后,经必要的机械加工而成。这类零件上的结构,一般可分为工作部分和联系部分。工作部分指该零件与其他零件配合或连接的套筒、叉口、支承板、底板等。联系部分指将该零件各工作部分联系起来的薄板、筋板、杆体等。零件上常具有铸造或锻造圆角、拔模斜度、凸台、凹坑或螺栓过孔、销孔等结构。

2. 表达方法

这类零件工作位置有的固定,有的不固定,加工位置变化也较大,一般采用下列表达方法:

(1)按最能反映零件形状特征的方向作为主视图的投射方向,按自然摆放位置或便于画图的位置作为零件的摆放位置;

(2)除主视图外,一般还需 1 ~ 2 个基本视图才能将零件的主要结构表达清楚;

(3)常用局部视图或局部剖视图表达零件上的凹坑、凸台等结构;

(4)筋板、杆体等连接结构常用断面图表示其断面形状;

(5)一般用斜视图表达零件上的倾斜结构。

下图 6 – 17 所示是铣床上的拨叉,用来拨动变速齿轮。主视图和左视图表达了拨叉的工作部分(上部叉口和下部套筒)和联系部分(中部薄板和筋板)的结构和形状以及相互位置关系,另外只用了一个局部移出断面图表达筋板的断面形状。

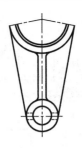

图 6 – 17　铣床上的拔叉视图

五、箱壳类零件

这类零件包括箱体、外壳、座体等,如图 6 – 18 所示。

图 6 – 18　箱壳类零件

1. 结构特点

箱壳类零件是机器或部件上的主体零件之一,其结构形状往往比较复杂。

2. 表达方法

(1)通常以最能反映其形状特征及结构间相对位置的一面作为主视图的投射方向。以自然安放位置或工作位置作为主视图的摆放位置(即零件的摆放位置)。

(2)一般需要两个或两个以上的基本视图才能将其主要结构形状表示清楚。

(3)一般要根据具体零件选择合适的视图、剖视图、断面图来表达其复杂的内外结构。

(4)往往还需局部视图或局部剖视或局部放大图来表达尚未表达清楚的局部结构。

下图 6 – 19 所示是蜗轮蜗杆减速箱箱体的视图。图中的主视图,既符合形体特征原则,也符合工作位置原则和自然安放平稳原则。

主视图符合半剖视的条件,采用了半剖视,既表达了箱体的内部结构形状,又表达了箱体的外部结构形状。

左视图采用全剖视,用以配合主视图,着重表达箱体内腔的结构形状,同时表达了蜗轮蜗杆的轴承孔、润滑油孔、放油螺孔、后方的加强筋板形状等。

C 向视图,表达出底板的整体形状、底板上凹坑的形状及安装螺栓的过孔情况。

B 向局部视图,表达出蜗轮蜗杆轴承孔下方筋板的位置和结构形状。

D 向局部视图,表达了蜗杆轴承孔端面螺孔的分布情况及底板上方左右端圆弧凹槽的情况。左视图旁边的局部移出断面表达了筋板的断面形状。

不便归纳为上述五类的零件,如薄壁冲压件、塑料注塑件、各种垫片,金属与非金属镶嵌件等零件的视图表达,视零件的复杂程度而定。注塑零件及镶嵌零件的非金属材料,在剖视图上应注意运用其剖面符号与金属材料相区别。

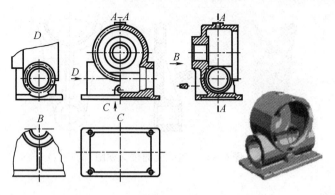

图 6 - 19 蜗轮蜗杆减速箱箱体的视图

第四节 零件图的尺寸标注

零件的视图只用来表示零件的结构形状,其各组成部分的大小和相对位置,是根据视图上所标注的尺寸数值来确定的。

一、对零件图上标注尺寸的要求

零件图上的尺寸是加工和检验零件的重要依据,是零件图的重要内容之一,是图样中指令性最强的部分。

在零件图上标注尺寸,必须做到:正确、完整、清晰、合理。

前三项要求,组合体的尺寸标注中已经进行过较详细的讨论。这里着重讨论尺寸标注的合理性问题和常见结构的尺寸注法,并进一步说明清晰标注尺寸的注意事项。

二、合理标注尺寸的初步知识

标注尺寸的合理性,就是要求图样上所标注的尺寸既要符合零件的设计要求,又要符合生产实际,便于加工和测量,并有利于装配。这里只介绍一些合理标注尺寸的初步知识。

1. 合理选择尺寸基准

标注尺寸的起点,称为尺寸基准(简称基准)。

零件上的面、线、点,均可作为尺寸基准,如下图 6 - 20 所示。

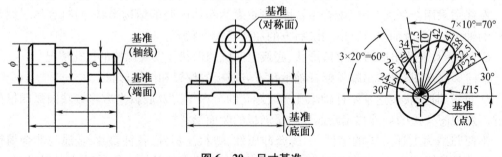

图 6 - 20 尺寸基准

尺寸基准的种类 从设计和工艺不同角度可把基准分成设计基准和工艺基准两类。

(1)设计基准 从设计角度考虑,为满足零件在机器或部件中对其结构、性能的特定要求而选定的一些基准,称为设计基准。

任何一个零件都有长、宽、高三个方向的尺寸,也应有三个方向的尺寸基准。

下图 6－21 所示的轴承座,从设计的角度来研究,通常一根轴需有两个轴承来支承,两个轴承孔的轴线应处于同一轴线上,且一般应与基面平行,也就是要保证两个轴承座的轴承孔的轴线距底面等高。因此,在标注轴承支承孔 φ160 高度方向的定位尺寸时,应以轴承座的底面 B 为基准。为了保证底板两个螺栓过孔对于轴承孔的对称关系,在标注两孔长度方向的定位尺寸时,应以轴承座的对称平面 C 为基准。D 面是轴承座宽度方向的定位面,是宽度方向的设计基准。底面 B、对称面 C 和 D 面就是该轴承座的设计基准。

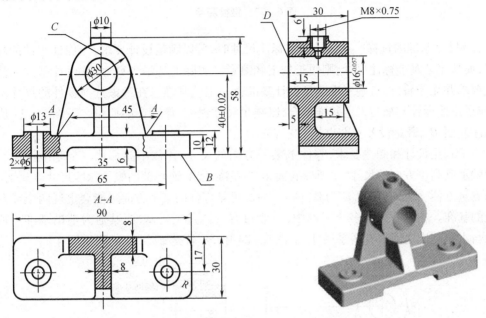

图 6－21　轴承座的尺寸基座

(2)工艺基准　从加工工艺的角度考虑,为便于零件的加工、测量和装配而选定的一些基准,称为工艺基准。

下图 6－22 所示的小轴,在车床上车削外圆时,车刀的最终位置是以小轴的右端面 F 为基准来定位的,这样工人加工时测量方便,所以在标注尺寸时,轴向以端面 F 为其工艺基准。

下图 6－22 所示法兰盘,在车床上加工时是以法盘左端面 E 为定位面的,故端面 E 是该法兰盘的轴向工艺基准。

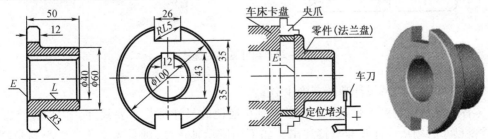

图 6－22　法兰盘工艺基准

测量键槽深度时见上图 6-22,是以孔 φ40 的素线 L 为依据的,因此素线 L(见图 6-22)是该法兰盘键槽深度尺寸的工艺基准,如图 6-23。

图 6-23　键槽测量

(3)尺寸基准的选择　从设计基准标注尺寸时,可以满足设计要求,能保证零件的功能要求,而从工艺基准标注尺寸,则便于加工和测量。实际上有不少尺寸,从设计基准标注与工艺要求并无矛盾,即有些基准既是设计基准也是工艺基准。在考虑选择零件的尺寸基准时,应尽量使设计基准与工艺基准重合,以减少尺寸误差,保证产品质量。下图 5-24 所示轴承座底面 B,既是设计基准也是工艺基准。

为了满足设计和制造要求,零件上某一方向的尺寸,往往不能都从一个基准注出。如下图轴承座高度方向的尺寸,主要以底面 B 为基准注出,而顶部的螺孔深度尺寸 6,为了加工和测量方便,则是以顶面 E 为基准标注的。可见零件的某个方向可能会出现两个或两个以上的基准。在同方向的多个基准中,一般只有一个是主要基准,其他为辅助基准。辅助基准与主要基准之间应有联系尺寸,下图 6-24 中 58 就是 E 与 B 的联系尺寸。

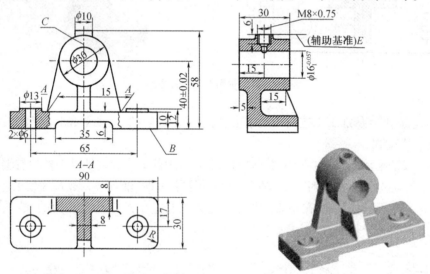

图 6-24　尺寸基准的选择

2. 重要尺寸必须从设计基准直接注出

零件上凡是影响产品性能、工作精度和互换性的尺寸都是重要尺寸。为保证产品质量,重要尺寸必须从设计基准直接注出。如下图所示轴承座,轴承支承孔的中心高是高度方向的重要尺寸,应按图 6-25(a)所示那样从设计基准(轴承座底面)直接注出尺寸 A,而不能像图 6-25(b)那样注成尺寸 B 和尺寸 C。因为在制造过程中,任何一个尺寸都不可能加工得绝对准确,总是有误差的。如果按图6－25(b)那样标注尺寸,则中心高 A 将受到尺寸 B 和尺寸 C 的加工误差的影响,若最后误差太大,则不能满足设计要求。同理,轴承座上的两个安装过孔的中心距 L 应按图6－25(a)那样直接注出。如按图6－25(b)所示分别标注尺寸 E,则中心距 L 将常受到尺寸90和两个尺寸 E 的制造误差的影响。

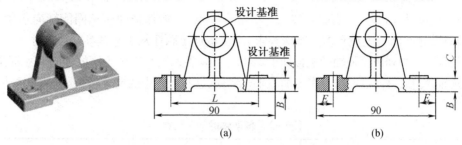

图6－25 重要尺寸必须从设计基准直接注出

(a)正确;(b)错误

3. 避免注成封闭尺寸链

一组首尾相连的链状尺寸称为尺寸链,如下图6－26中 A,B,C,D 尺寸就组成一个尺寸链。组成尺寸链的每一个尺寸称为尺寸链的环。如果尺寸链中所有各环都注上尺寸,如下图6－26所示,这样的尺寸链称封闭尺寸链。

从加工的角度来看,在一个尺寸链中,总有一个尺寸是其他尺寸都加工完后自然得到的。例如上图中加工完尺寸 A,B 和 D 后,尺寸 C 就自然得到了。这个自然得到的尺寸称为尺寸链的封闭环,如图6－27。

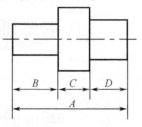

图6－26 封闭尺寸链

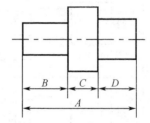

图6－27 尺寸链的封闭环

在标注尺寸时,应避免注成封闭尺寸链。通常是将尺寸链中最不重要的那个尺寸作为封闭环,不注写尺寸,如下图6－28所示。这样,使该尺寸链中其他尺寸的制造误差都集中到这个封闭环上来,从而保证主要尺寸的精度。

在零件图上,有时为了使工人在加工时不必计算而直接给出毛坯或零件轮廓大小的参考值,常以"参考尺寸"的形式注出,如下图6－29中的(50)。

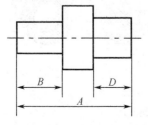

图6－28 避免注成封闭尺寸链

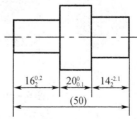

图6－29 参考尺寸

4.适当考虑从工艺基准标注尺寸

零件上除主要尺寸应从设计基准直接注出外,其他尺寸则应适当考虑按加工顺序从工艺基准标注尺寸,以便于工人看图、加工和测量,减少差错。

传动轴在轴线方向,尺寸 $32^0_{-0.05}$ 是重要尺寸,应从设计基准(轴肩右端面)直接标注。因为要求该尺寸比齿轮宽度尺寸 $32^0_{-0.05}$ 要略小一点,才能保证弹簧挡圈能轴向压紧齿轮。其他轴向尺寸在结构上没有多大特殊要求,所以按加工顺序从工艺基准标注尺寸。

下表6-1中列出了该轴的机械加工顺序。表中第2,3,4和6工序的轴向尺寸都是以轴的两个端面为基准标注的,符合车工加工工艺要求,这与上图中的尺寸注法是完全一致的。

表6-1 传动轴的加工过程

序号	说明	加工简图	序号	说明	加工简图
1	下料:车两端面打中心孔	ϕ40 106	5	切槽倒角	$32^0_{-0.05}$ 2 C1 2 1.2
2	中心孔定位:车 ϕ25 长67	ϕ25 67	6	调头:车 ϕ25 长67 车 ϕ20 长23	ϕ35 ϕ20 30
3	车 ϕ20 长30	ϕ20 30	7	切槽倒角	C1 2
4	车 ϕ17 长17	ϕ17 17	8	淬火后磨外圆: ϕ17ϕ25ϕ20	ϕ20 ϕ25 ϕ17

5.考虑测量的方便与可能

下图6-30中,显然图6-30(a)组图中所注各尺寸测量不方便,不能直接测量。而6-30(b)组图中的注法测量就方便,能直接测量。

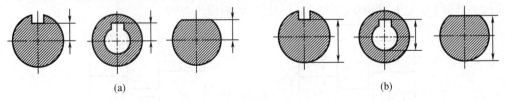

图6-30 尺寸标注的测量方便

(a)测量不方便;(b)测量方便

下图6-31所示套筒轴向尺寸注法中,很显然图6-31(a)中尺寸 A 测量就比较困难,特别是当孔很小时,根本就无法直接测量。而图6-31(b)中的注法测量就很方便。

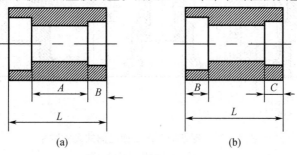

图6-31 套筒轴向尺寸注法
(a)不合理;(b)合理

6.关联零件间的尺寸应协调

关联零件间的尺寸必须协调(所选基准应一致,相配合的基本尺寸应相同,并应直接注出),组装时才能顺利装配,并满足设计要求。

如下图6-32所示件2和件1的槽配合,要求件1和件2右端面保持平齐,并满足基本尺寸为8的配合。图6-32(b)的尺寸注法就能满足这些要求,是正确的。而图6-32(c)的尺寸注法,就单独的一个零件来看,其尺寸注法是可以的。然而把零件1和零件2联系起来看,配合部分的基本尺寸8没有直接注出,由于误差的积累,则可能保证不了配合要求,甚至不能装配,所以6-32(c)图的注法是错误的。

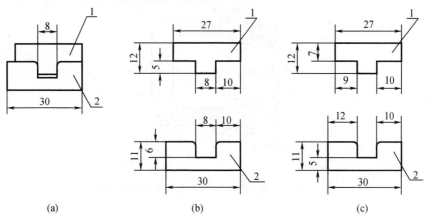

图6-32 关联零件间的尺寸协调
(a)槽配合;(b)正确;(c)错误

7.应注意考虑毛坯面与加工面之间的尺寸联系

在铸造或锻造零件上标注尺寸时,应注意同一方向的加工表面只应有一个以非加工面作基准标注的尺寸。下图6-33(a)所示壳体,图中所指两个非加工面,已由铸造或锻造工序完成。加工底面时,不能同时保证尺寸8和21,所以6-33(a)图的注法是错误的。如果按图6-33(b)的标注,加工底面时,先保证尺寸8,然后再加工顶面,显然也不能同时保证尺寸35和14,因而这种注法也不行。图6-33(c)的注法正确,因为尺寸13已由毛坯制造时完成,先按尺寸8加工底面,然后按尺寸35加工顶面,即能保证要求。

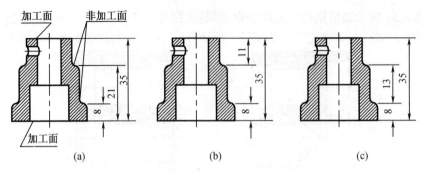

图 6－33　毛坯面与加工面之间的尺寸联系

(a)错误;(b)错误;(c)正确

三、清晰标注尺寸的注意事项

要使零件图上所标的尺寸清晰,便于查找,除了要注意组合体中介绍的有关标注要求以外,还应注意以下几点:

1.零件的外部结构尺寸和内部尺寸宜分开标注

下图 6－34 中,外部结构的轴向尺寸全部标注在视图的上方,内部结构的轴向尺寸全部标注在视图的下方。这样内外尺寸一目了然,查找方便,加工时也不易出错。

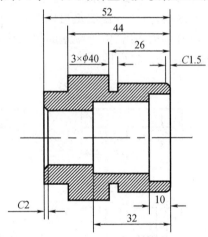

图 6－34　外部结构尺寸和内部尺寸宜分开标注

2.不同工种的尺寸宜分开标注

下图 6－35 中,铣削加工的轴向尺寸全部标注在视图的上方,而车削加工的轴向尺寸全部标注在视图的下方。这样标注其清晰程度是显而易见的,工人看图方便。

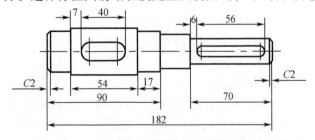

图 6－35　不同工种的尺寸宜分开标注

3. 适当集中标注尺寸

零件上某一结构在同工序中应保证的尺寸,应尽量集中标注在一个或两个表示该结构最清晰的视图中。不要分散注在几个地方,以免看图时到处寻找,浪费时间,如图 6-36 所示。

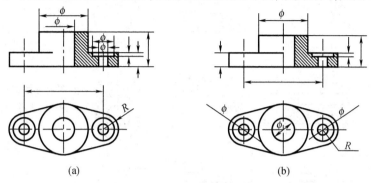

图 6-36 适当集中标注尺寸

(a) 合理;(b) 不合理

四、零件上常见孔的尺寸标注

零件上常见结构较多,它们的尺寸注法已基本标准化。下表 6-2 为零件上常见孔的尺寸注法。

表 6-2 零件上常见孔的尺寸注法

结构类型		普通注法	旁注法	说明
光孔	一般孔	$4\times\phi5$	$4\times\phi5 \downarrow 10$ $4\times\phi5 \downarrow 10$	$4\times\phi$ 表示四个孔的直径均为 $\phi5$ 三种注法均正确(下同)
	格加工孔	$4\times\phi5_0^{+0.012}$	$4\times\phi5_0^{+0.012} \downarrow 10$ $4\times\phi5_0^{+0.012} \downarrow 10$	钻孔深为 12,钻孔后需精加工型 $\phi5_0^{+0.012}$,精加工深度为 10
	推销孔	锥销孔 $\phi5$	锥销孔 $\phi5$ 锥销孔 $\phi5$	$\phi5$ 为与锥销孔相配的圆锥销小头直径(公称直径) 锥销孔通常是相邻两零件装配在一起时加工的

表 6 - 2(续)

结构类型		普通注法	旁注法		说明
沉孔	锥形沉孔				$6 \times \phi 7$ 表示 6 个孔的直径均为 $\phi 7$。锥形部分大端直径为 $\phi 13$，锥角为 $90°$
	柱形沉孔				四个柱形沉孔的小孔直径为 $\phi 6.4$，大孔直径为 $\phi 12$，深度为 4.5
螺孔	通孔				$3 \times M6 - 7H$ 表示 3 个直径为 6，螺纹中径、顶径公差带为 7H 的螺孔
	不通孔				深 10 足指螺孔的有效深度尺寸为 10，钻孔深度以保证螺孔有效深度为准，也可查有关手册确定
					而要注出钻孔深度时，应明确标注出钻孔深度尺寸

第五节　表面粗糙度简介

零件图除了用视图和尺寸表达结构形状和大小，还应该表示出零件在制造和检验中控制其质量的技术指标，包括表面粗糙度、极限与配合、材料热处理、特殊加工说明等，本节简要介绍表面粗糙度的基础知识和标注方法。

一、表面粗糙度的基本概念

经过机械加工的零件表面，总会出现一些宏观和微观上几何形状误差，零件表面上的微观几何形状误差，是由零件表面上一系列微小间距的峰谷所形成的，这些微小峰谷高低起伏的程度就叫零件的表面粗糙度。

表面粗糙度是衡量零件表面加工精度的一项重要指标，零件表面粗糙度的高低将影响到两配合零件有接触表面的摩擦、运动面的磨损、贴合面的密封、配面的工作精度、旋转件的疲劳强度、零件的美观等等，甚至对零件表面的抗腐蚀性都有影响。

表面粗糙度的评定参数有多种，在零件图上多采用轮廓算术平均偏差 R_a。

1. 轮廓算术平均偏差 R_a

轮廓算术平均偏差 R_a：它是在取样长度 lr 内，纵坐标 $Z(x)$（被测轮廓上的各点至基准线 x 的距离）绝对值的算术平均值，如图 6－37 所示。可用下式表示

$$R_a = \frac{1}{lr}\int_0^{lr} |z(x)| \, \mathrm{d}x$$

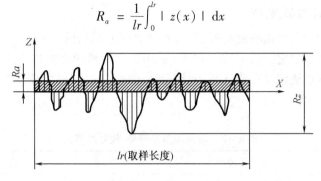

图 6－37 R_a 参数示意图

国家标准 GB/T 1031—2009 给出的 R_a 系列值如表 6－3 所示。

表 6－3 轮廓算术平均偏差 R_a 值的系列

0.012	0.025	0.05	0.10	0.20	0.40	0.80
1.6	3.2	6.3	12.5	25	50	100

2. 轮廓算术平均偏差 R_a 选取 R_a 值反映了对零件表面加工要求，其数值越小，零件表面越光滑，表面质量越高，但加工工艺越复杂，加工成本越高。所以，确定表面粗糙度时，应根据零件不同的作用，考虑加工工艺的经济性和可能性，合理地进行选择。表 6－4 列出常用表面粗糙度 R_a 的数值与加工方法。

表 6－4 常用表面粗糙度 R_a 的数值与加工方法

表面特征	表面粗糙度(R_a)数值			加工方法举例
明显可见刀痕	100	50	25	粗车、粗刨、粗铣、钻孔
微见刀痕	12.5	6.3	3.2	精车、精刨、精铣、粗铰、粗磨
看不见加工痕迹，微辩加工方向	1.6	0.8	0.4	精车、精磨、精铰、研磨
暗光泽面	0.2	0.1	0.05	研磨、珩磨、超精磨

3. 表面粗糙度的选择原则

表面粗糙度的选择，既要考虑零件表面的功能要求，又要考虑经济性，还要考虑现有的加工设备。一般应遵从以下原则：

（1）同一零件上工作表面比非工作表面的参数值要小；

（2）摩擦表面要比非摩擦表面的参数小。有相对运动的工作表面，运动速度越高，其参数值越小；

（3）配合精度越高，参数值越小；

（4）配合性质相同时，零件尺寸越小，参数值越小；

（5）要求密封、耐腐蚀或具有装饰性的表面，参数值要小。

二、表面粗糙度符号、代号

图样上所标注的表面粗糙度符号、代号是该表面完工后的要求。有关表面粗糙度的各项规定应按功能要求给定。若仅需要加工（采用去除材料的方法或不去除材料的方法）但对表面粗糙度的其他规定没有要求时，允许只注表面粗糙度符号。图样上表示零件表面粗糙度的符号见表 6 - 5。

表 6 - 5 表面粗糙度符号、代号的意义

符号	意义及说明	符号画法
∨	基本符号，表示表面可用任何方法获得。当不加注粗糙度参数值或有关说明（例如：表面处理、局部热处理状况等）时，仅适用于简化代号标注	140° 60° 60° 3h h = 字体高度
∨	基本符号加一短划，表示表面是用去除材料的方法获得。例如：车、铣、钻、磨、剪切、抛光、腐蚀、电火花加工、气割等	
∨	基本符号加一小圆，表示表面是用不去除材料的方法获得。例如：铸、锻、冲压变形、热轧、冷轧、粉末冶金等	

当允许在表面粗糙度参数的所有实测值中超过规定值的个数少于总数的 16% 时，应在图样上标注表面粗糙度参数的上限值或下限值。

当要求在表面粗糙度参数的所有实测值中不得超过规定值时，应在图样上标注表面粗糙度参数的最大值或最小值。

表面粗糙度高度参数轮廓算术平均偏差 R_a 值的标注见表 6 - 6，R_a 在代号中用数值表示（单位为微米），参数值前可不标注参数代号。

表 6 - 6 面粗糙度参数标注示例及其意义

代号	意义	代号	意义
3.2 ∨	用任何方法获得的表面粗糙度，R_a 的上限值为 3.2 μm	3.2μm ∨	用任何方法获得的表面粗糙度，R_a 的最大值为 3.2 μm
3.2 ∨	用去除材料方法获得的表面粗糙度，R_a 的上限值为 3.2 μm	3.2max ∨	用去除材料方法获得的表面粗糙度，R_a 的最大值为 3.2 μm
3.2 ∨	用不去除材料方法获得的表面粗糙度，R_a 的上限值为 3.2 μm	3.2μm ∨	用不去除材料方法获得的表面粗糙度，R_a 的最大值为 3.2 μm
3.2 1.6 ∨	用去除材料方法获得的表面粗糙度，R_a 的上限值为 3.2 μm，R_a 的下限值为 1.6 μm	3.2μm 1.6μm ∨	用去除材料方法获得的表面粗糙度，R_a 的最大值为 3.2 μm，R_a 的最小值为 1.6 μm

三、图样上的标注方法

在同一图样上，每一表面一般只标注一次符号、代号，并尽可能靠近有关的尺寸线，表面粗糙度符号、代号一般注在可见轮廓线、尺寸界线、引出线或它们的延长线上。符号的尖端必须从材料外指向表面，代号中的数字和符号方向应与标注尺寸数字方向相同。

表6-7列举了表面粗糙度的标注示例。

表6-7 表面粗糙度的标注示例

标注示例级说明	标注示例及说明
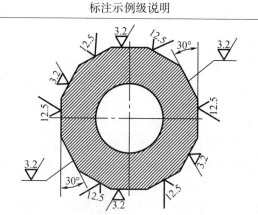 表面粗糙度代号中数字及符号方向，应按图中规定标注	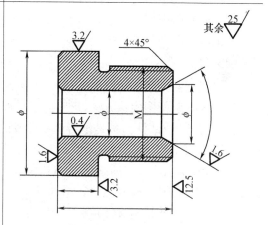 当零件的大部分表面具有相同的表面粗糙度要求时，对其中使用最多的一种符号、代号可以统一注在图样的右上角，并加注"其余"两字

第七章 装 配 图

知识目标

1. 了解装配图规定画法、特殊表达方法和简化画法。

2. 理解装配图的尺寸标注、技术要求及零件编号。

3. 掌握装配图识读方法。

4. 掌握装配图绘制方法。

能力目标

1. 能根据装配图表达方法,正确识读装配图。

2. 能根据装配图表达方法,正确拆画零件图。

任何机器(或部件),都是由若干零件按照一定的装配关系和技术要求装配而成的。装配图是用于表示产品及其组成部分的连接、装配关系的图样。在设计阶段,一般先画出装配图,然后根据它所要求的总体结构和尺寸,设计绘制零件图;在生产阶段,装配图是编制装配工艺,进行装配、检验、安装、调试以及维修等工作的依据。所以,装配图在生产及使用中都是必不可少的技术文件。

图7-1为铣刀头的装配图。从图中可看出,一张完整的装配图,具有下列内容:

(1)一组视图 用于表达机器或部件的结构、零件间的装配关系及零件的主要结构形状;

(2)必要的尺寸 根据装配和使用的要求,标注出反映机器的性能、规格、外形、零件之间相对位置、配合要求和安装等所需的尺寸;

(3)技术要求 用文字或符号说明装配体在质量、装配、检验、调试及使用等方面的要求;

(4)零(部)件序号和明细栏 根据生产和管理的需要,将每一种零件编号并列成表格,以说明相应序号的零件名称、材料、数量、备注等内容;

(5)标题栏 用以注明装配体的名称、图号、比例及责任者签字等内容,供管理生产、备料、存档及查阅之用。

第一节 装配图的表达方法

零件图的各种表达方法,如视图、剖视、断面、局部放大图及简化画法等,在装配图中同样适用。但是由于装配图所表达的对象是装配体(机器或部件),它在生产中的作用与零件图不一样,因此装配图中表达的内容、视图选择原则等与零件图不同。此外,装配图还有一些规定画法和特殊表达方法。

一、装配图的规定画法

(1)两零件的接触面或配合面只画一条线。而非接触面、非配合表面,即使间隙再小,也应画两条线。

(2)相邻零件的剖面线倾斜方向应相反,或方向一致但间隔不等。同一零件的剖面线,在各个视图中其方向和间隔必须一致。

(3)一些连接件(如螺母、螺栓、垫圈、键、销等)及实心件(如轴、杆、球等),若剖切平面通过它们的轴线或对称面时,这些零件按不剖绘制,如图7-1中的螺杆、轴、螺钉、螺母等。当剖切平面垂直它们的中心线或轴线时,则应在其横截面上画剖面线。

二、选择合适的表达方法

同零件图的视图表达方法选择一样,装配图也需要选择合适的表达方法,力求视图数目适当,看图方便和作图简便。选择表达方法的一般步骤如下:

1.了解部件的功用和结构特点

2.选择主视图

选择主视图的一般方法:

(1)符合部件的工作位置;

(2)较多地表达部件的结构和主要装配关系。为此应考虑采用恰当的表达方法以求实现视图数目少,看图及绘图简便的要求。图7-1铣刀头装配图中选择的主视图,既符合工作位置,又采用全剖视图,把全部零件的相对位置、连接和装配关系等都表达清楚了。

3.选择其他视图

主视图没有表达而又必须表达清楚的部分,或者表达不够完整、清晰的部分,可以选择其他视图补充说明。对于比较重要的装配结构和装置,要用基本视图加以说明;对于次要的结构或装配关系可以采用局部剖视、局部视图来表达。力争表达过程清晰、完整、简便。

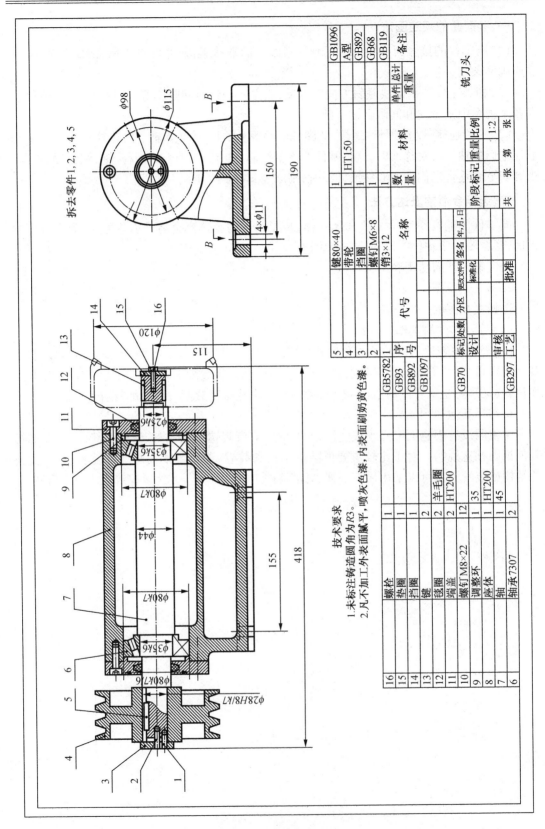

拆去零件1,2,3,4,5

技术要求
1. 未标注铸造圆角为R3。
2. 凡不加工外表面刮平,喷灰色漆,内表面刷奶黄色漆。

5	GB5782	1	螺栓	1				GB1096	
4	GB93		垫圈	1					A型
3	GB892		挡圈	1				GB892	
2	GB1097		键	2				GB68	
			挡圈	2	羊毛圈			GB119	
			端盖	2	HT200				
	GB70		螺钉M8×22	12					
			调整环	1	35				
			座体	1	HT200				
			轴	1	45				
	GB297		轴承7307	2					

16	螺栓	1	
15	垫圈	1	
14	挡圈	1	
13	键	2	
12	挡圈	2	羊毛圈
11	端盖	2	HT200
10	螺钉M8×22	12	
9	调整环	1	35
8	座体	1	HT200
7	轴	1	45
6	轴承7307	2	GB297

代号	序号	名称	数量	材料	备注

键80×40 1
带轮 1 HT150
挡圈 1
螺钉M6×8 2
销3×12 2

标记处数 分区 更改文件号 签名 年,月,日

设计 阶段标记 重量比例
标准化 单件 总计
审核 1:2
工艺 重量
批准 共 张 第 张

铣刀头

图7-1 铣刀头装配图

三、装配图的特殊表达方法和简化画法

为适应部件结构的复杂性和多样性,绘制装配图时,还可根据实际表达需要,选用以下画法。

1. 拆卸画法

在装配图的某一视图中,当某些可拆零件遮住了必需表达的结构或装配关系,或者为避免重复,简化作图,可假想将某些零件拆去后绘制,这种表达方法称为拆卸画法。

采用拆卸画法后,为避免误解,在该视图上方加注"拆去件 XX",如图 7 - 2(a)所示。拆卸关系明显,不至于引起误解时,也可不加标注,如图 7 - 2(b)所示。可拆画法的拆卸范围,可根据需要灵活选取。图形对称时可以半拆;不对称时可以全拆。

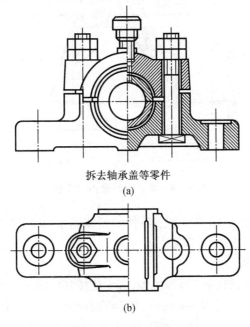

拆去轴承盖等零件

(a)

(b)

图 7 - 2 抓卸画法图

2. 沿结合面剖切画法

装配图中,可假想沿某些零件结合面剖切,结合面上不画剖面线。如图 7 - 3 中 A - A 剖视即是沿泵盖结合面剖切画出的。注意横向剖切的轴、螺钉及销的断面要画剖面线。

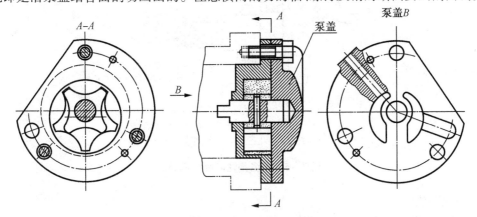

图 7 - 3 装配图的单件画法

3. 单件画法

在装配图中可以单独画出某一零件的视图,这时应在视图上方注明零件及视图名称,如图7-3中的"泵盖B"。

4. 假想画法

用双点划画出机件投影称为假想投影。在装配图中,可用假想投影表达的情况如下:

(1)为了表示运动件的运动范围或极限位置,可用细双点画线假想画出该零件的某些位置。如图7-4所示,手柄画在最右位置,而用双点画线画出它的最左位置。

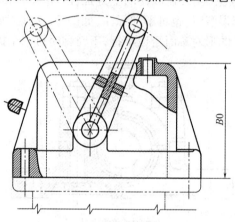

图7-4 双点画线使用示意图

(2)必须表达与本部件的相邻零件或部件的安装关系时,可用双点画线画出相邻零件或部件的轮廓,如图7-1、图7-3所示。

5. 夸大画法

在装配图中,对一些薄、细、小零件或间隙,若无法按其实际尺寸画出时,可不按比例而适当的夸大画出。厚度或直径小于2 mm的薄、细零件,其剖面符号可涂黑表示,如图7-5所示。

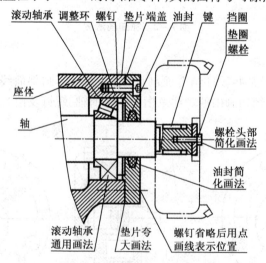

图7-5 夸张画法和简化画法

6. 简化画法

(1)在装配图中,零件上的工艺结构(如倒角、小圆角、退刀槽等)可省略不画。六角螺栓头部及螺母的倒角曲线也可省略不画,如图7-2、图7-5所示。

(2)在装配图中,对于若干相同的零件或零件组,如螺栓连接等,可仅详细的画出一处,其余只需用细点画线表示出其位置,如图7-5中的螺钉。

第二节 装配图的尺寸标注、技术要求及零件编号

一、装配图的尺寸标注

根据装配图在生产中的作用,不需要注出每个零件的尺寸,只需要注出下列几类尺寸。

1. 规格(性能)尺寸 表示装配体的性能、规格和特征的尺寸,它是设计装配体的主要依据,也是选用装配体的依据,如图7-1中底座螺孔的中心距155,底面到轴的中心距115。

2. 装配尺寸 表示装配体中零件之间装配关系的尺寸,可分为两种:

(1)装配尺寸 表示零件间配合性质的尺寸,如图7-1中的$\phi 28H8/k7$。

(2)相对位置尺寸 表示零件间较重要的相对位置,在装配时必须要保证的尺寸。

(3)安装尺寸 将部件安装到机器上、或机器安装在基础上所需要的尺寸。

(4)外形尺寸 表示装配体总长、总宽、总高的尺寸。它是包装、运输、安装过程中所需空间大小的尺寸,如图7-1中的418。

(5)其他重要尺寸 不包括在上述几类尺寸中的重要零件的主要尺寸。运动零件的极限位置尺寸、经过计算确定的尺寸等,都属于其他重要尺寸。

应当注意,一张装配图上有时并非全部具备上述五类尺寸,有的尺寸可能兼有多种含义。因此标注装配图尺寸时,必须视装配体的具体情况加以标注。

二、装配图的技术要求

装配图上的技术要求一般包括以下几个方面。

(1)装配要求 指装配过程中的注意事项、装配后应达到的要求等。

(2)检验要求 对装配体基本性能的检验、试验、验收方法的说明。

(3)使用要求 对装配体的性能、维护、保养、使用注意事项的说明。

由于装配体的性能、用途各不相同,因此技术要求也不相同,应根据具体的需要拟定。必要时也可参照类似产品确定。用文字说明的技术要求,填写在明细栏上方或图样下方空白处,如图7-1所示。

三、零件序号的编写

为便于读图以及生产管理,装配图中的每种零件或部件都要编写序号。形状、尺寸完全相同的零件只编一个序号,数量填写在明细栏中;形状相同、尺寸不同的零件,要分别编写序号。

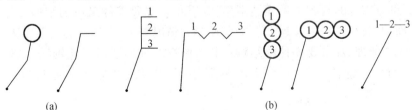

(a)　　　　　　　　　　　　　　　　　(b)

图7-6 零部件序号示意图

零部件序号用指引线（细实线）从所编零件的可见轮廓线内引出，序号数字比尺寸数字大一号或两号，如图7-6(a)所示。指引线不得相互交叉，不要与剖面线平行。装配关系清楚的零件组可采用公共指引线，如图7-6(b)所示。序号应水平或垂直的排列整齐，并按顺时针或逆时针方向依次编写，如图7-1所示。

四、明细栏

装配图上除了要画出标题栏外，还要画出明细栏。明细栏绘制在标题栏上方，按零件序号由下向上填写。位置不够时，可在标题栏左边继续编写。

明细栏的内容包括零部件的序号、代号、名称、数量、材料和备注等。对于标准件，要注明标准号，并在"名称"一栏注出规格尺寸，标准件的材料可不填写。

第三节　读装配图和拆画零件图

看装配图是工程技术人员必备的基本技能之一。在机器设备的安装、调试、操作、维修及进行技术交流时，都需要阅读装配图。看装配图应达到下列基本要求：
(1)了解机器或部件的性能、用途、结构和工作原理；
(2)弄清各零件间的装配关系及各零件的拆装顺序；
(3)看懂各零件的主要结构形状和作用。

一、读装配图的方法和步骤

以图7-7为例，说明读装配图的方法和步骤。

1. 概括了解

从标题栏中了解装配体（机器或部件）的名称、绘图比例等；按图上零件序号对照明细栏，了解装配体中零件的名称、数量、材料，找出标准件；大致浏览所有视图，了解装配体的结构形状及大小。这样以便对机器的整体概括有个粗浅的认识，为下一步工作创造条件。

图7-7所示装配体名称为齿轮油泵，是一种供油装置。齿轮油泵共有十四种零件，其中有七种标准件，主要零件有泵体、泵盖、主动轴齿轮、从动齿轮等，是个中等复杂程度的部件。绘图比例1:1。

2. 分析视图

了解装配图的表达方案，分析采用了哪些视图，搞清各视图之间的投影关系及所用的表达方法，如果是剖视图还要找到剖切位置和投射方向；然后分析各视图所要表达的重点内容是什么，以便弄清其表达的目的。

齿轮油泵选用了主、俯、左三个基本视图。主视图按装配体的工作位置、采用局部剖视的方法，将大部分零件的装配关系表达清楚，并表示了主要零件泵体的结构形状。左视图采用沿结合面剖切画法（拆去泵盖11），将齿轮啮合情况与进、出油口的关系表达清楚，主要反映油泵的工作原理，及主要零件的结构形状。俯视图采用通过齿轮轴线剖切的全剖，其表达重点是齿轮、齿轮轴与泵体、泵盖的装配关系，以及安装底板的形状与安装孔分布情况。

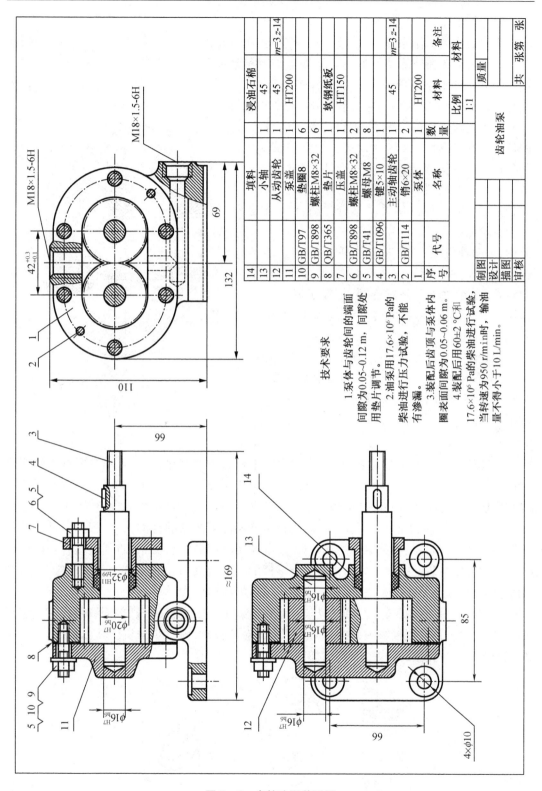

序号	代号	名称	数量	材料	备注
14		填料	1	浸油石棉	
13		小轴	1	45	
12		从动齿轮	1	45	$m=3\ z=14$
11		泵盖	1	HT200	
10	GB/T97	垫圈8	6		
9	GB/T898	螺柱M8×32	6		
8	QB/T365	垫片	1	软钢纸板	
7	GB/T898	压盖	1	HT150	
6	GB/T41	螺柱M8×32	2		
5	GB/T1096	螺母M8	8		
4		键5×10	1	45	
3	GB/T114	主动轴齿轮	1	45	$m=3\ z=14$
2		销6×20	2		
1		泵体	1	HT200	

齿轮油泵	比例	质量	共 张 第 张
	1:1		

制图			材料
设计			
描图			
审核			

技术要求

1. 泵体与齿轮间的端面间隙为0.05~0.12 m，同隙处用垫片调节。

2. 油泵采用17.6×10⁶ Pa的柴油进行压力试验，不能有渗漏。

3. 装配后齿顶与泵体内圈表面间隙为0.05~0.06 m。

4. 装配后用60±2℃和17.6×10⁶ Pa的柴油进行试验，当转速为950 r/min时，输油量不得小于10 L/min。

图7-7 齿轮油泵装配图

3.分析工作原理与装配关系

齿轮油泵的工作原理,是通过齿轮在泵腔中啮合,将油从进油口吸入,经出油口压出。当主动轴齿轮3在外部动力驱动下转动时,带动从动齿轮12与小轴13一起逆向转动,如图7-8所示。泵腔下侧压力降低,油池中的油在大气压力作用下,沿进油口进入泵腔内,随着齿轮的旋转,齿槽中的油不断沿箭头方向送到上边,然后经出油口将油输出。

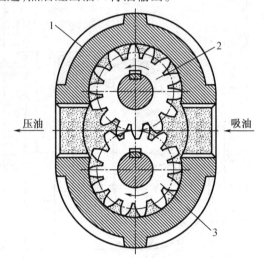

分析装配体的装配关系,须搞清各零件间的位置关系、零件间的连接方式和配合关系,并分析出装配体的装拆顺序。这是看装配图进一步深入的阶段。分析零件最好与分析和它相邻零件的装配连接关系结合进行。如图7-7齿轮油泵中,泵体、泵盖在外,齿轮轴在泵腔中;主动轴齿轮在前,从动齿轮与小轴以过盈配合连成一体在后;泵体与泵盖由两圆柱销定位并通过六个双头螺柱连接;填料压盖与泵体由两螺柱连接;齿轮轴与泵体、泵盖间为基孔制间隙配合。

图中标注:压油、吸油

齿轮油泵的拆卸顺序:松开左边螺母5、垫圈10,将泵盖卸下,从左边抽出主动轴齿轮3、从动齿轮12与小轴13,最后松开右边螺母5,卸下填料压盖7和填料14。

图7-8 齿轮油泵工作原理图

4.分析零件

读装配图除弄清上述内容外,还应对照明细栏和零件序号,逐一看懂各零件的结构形状以及它们在装配体中的作用。对于比较熟悉的标准件、常用件及一些较简单的零件,可先将它们看懂,并将它们逐一"分离"出去,为看较复杂的一般零件提供方便。

分析一般零件的结构形状时,最好从表达该零件最清楚的视图入手,根据零件序号和剖面线的方向及间隔、相关零件的配合尺寸、各视图之间的投影关系,将零件在各视图中的投影轮廓范围从装配图中分离出来。结合零件的功用及其与相邻零件的装配连接关系,利用形体分析、线面分析的方法,即可想象出该零件的结构形状。

例如图7-7所示齿轮油泵中的压盖7,从主视图上根据其序号和剖面线可将它从装配图中分离出来,再根据投影关系找到俯视图中的对应投影,就不难分析出其形状(其形状在装配图上表达不完整,需构思完善),如图7-9所示。

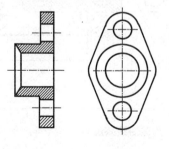
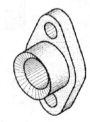

图7-9 压盖

5.归纳总结

经过以上分析,最后再围绕装配体的工作原理、装配关系、各零件的结构形状等,结合所注尺寸、技术要求,将各部分联系起来,从而对装配体的完整结构有一个全面的认识。

二、由装配图拆画零件图

根据装配图拆画零件图是一项重要的生产准备工作,应在看懂装配图的基础上进行的,它既是产品设计中不可缺少的程序也是检查范围效果的手段。在设计过程中,先画装配图,然后再由装配图拆画零件图。拆画零件图,首先要全面读懂装配图,将所要拆画的零件结构、形状和作用分析清楚,然后按零件图的内容和要求选择表达方案,画出视图,标注尺寸及技术要求。下面以图7-7齿轮油泵的主要零件泵体为例,说明拆画零件图的方法步骤和应注意的问题。

1.确定表达方案

零件的表达方案是根据零件的结构和形状特点考虑的,不强求与装配图一致。因为装配图的表达是从整个装配体来考虑的,很难符合每个零件的表达要求。因此,拆画零件图时,应根据零件自身的形状特征、加工或工作位置原则选择主视图,然后按其复杂程度确定其他视图的数量与表达方法。零件的表达方案具体如何选择,可参照零件图一章所述详细分析。

图7-10所示泵体的视图方案,按泵体的工作位置及反映其形状特征的方向,作为主视图的投影方向。为表示进、出油口内部结构采用两处局部剖视;俯视图采用全剖,以表达泵腔与轴孔的结构,同时还反映安装底板的形状、四个安装孔的分布情况;左视图采用局部剖视,补充表达底板与壳体间相对位置以及主、俯两视图未表达的部分;此外,用K向局部视图,表示壳体后面腰圆形凸台的形状以及两个M8螺纹孔的位置。

2.零件结构形状的完善

在拆画零件图时,对分离出的零件投影轮廓,应补全被其他零件遮挡的可见轮廓线。图7-10中泵体的俯视图、K向视图中,补上被齿轮轴、螺柱、填料压盖等遮挡住的轮廓线。

由于装配图对某些零件往往表达不全,这些零件的形状尚不能由装配图完全确定,在此情况下,应该根据零件的功用及要求,合理地加以完善和补充。泵体视图中的K向局部视图,是补充装配图上表达不充分,而根据它与压盖断面相连接的需要及其自身结构分析所确定的。

此外,根据国家标准的有关规定,零件上的一些标准工艺结构在装配图上可以省略,因此在拆画零件图时零件上的一些工艺结构,如倒角、退刀槽、圆角等,应根据工艺要求予以完善。

3.零件尺寸的确定

拆画零件图时,要按零件图的尺寸标注要求,正确、完整、清晰、合理地标注尺寸。由装配图确定零件尺寸的方法如下。

(1)抄注　装配图上已注出的尺寸,在有关的零件图上直接抄注。配合尺寸,应根据配合代号注出零件的公差带代号或极限偏差。

(2)标准尺寸　对于标准件、标准结构以及与它们有关的尺寸应从相关标准中查取。如螺纹、键槽、退刀槽、沉孔、与滚动轴承配合的轴和孔的尺寸等。

(3)计算　某些尺寸须计算确定,如齿轮轮齿部分的尺寸及中心距等。

(4)量取　零件上除了装配图中已给尺寸、标准尺寸以外的其余大量尺寸,可按比例直接从装配图上量取。

(5)其他 零件图的尺寸标注法,表示粗糙程度的确定及其他技术要求的拟定,参看第七章中的有关部分。

标注尺寸时,应注意各相关零件间尺寸的关联一致性,避免相互矛盾。如泵盖与泵体结合面的形状尺寸,螺柱连接用光孔与螺纹孔的定位尺寸等,要协调一致。

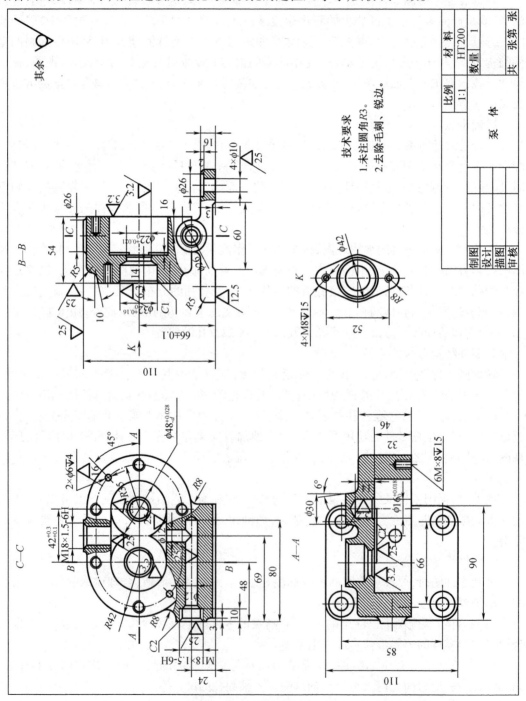

图 7-10 泵体图

152

习 题

第一章 识图的基本知识与技能

[1-1] 按图例要求绘制各种图线,比例1:1。

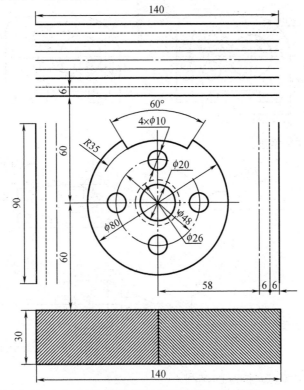

[1-2] 标注图中的尺寸,尺寸的数值从图中量取,取整数。

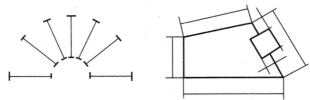

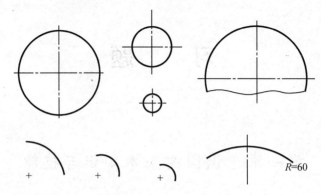

[1-3]　分析左图中尺寸标注的错误,并正确地标注在右图中。

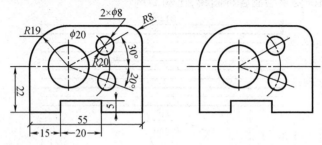

[1-4]　作斜度和锥度。

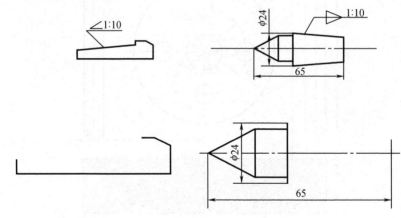

[1-5]　作长轴90、短轴60的椭圆。

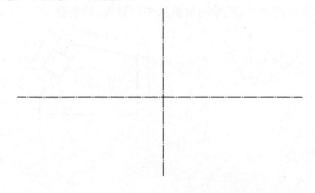

[1-6]　按1:1完成下列图形的线段连接,标出连接弧的圆心和切点(保留作图线)。

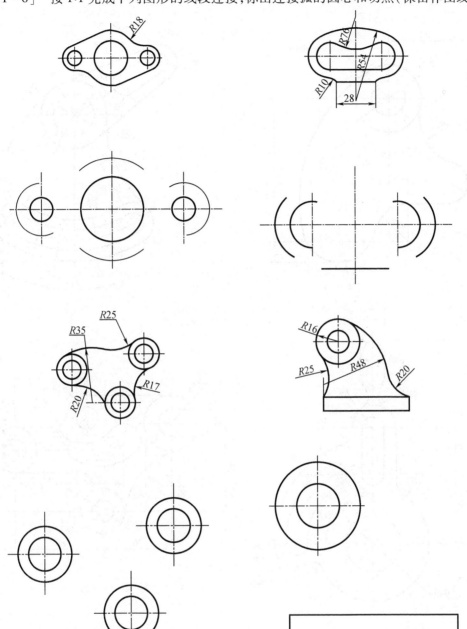

[1-7] 抄画平面图形,并标注尺寸。

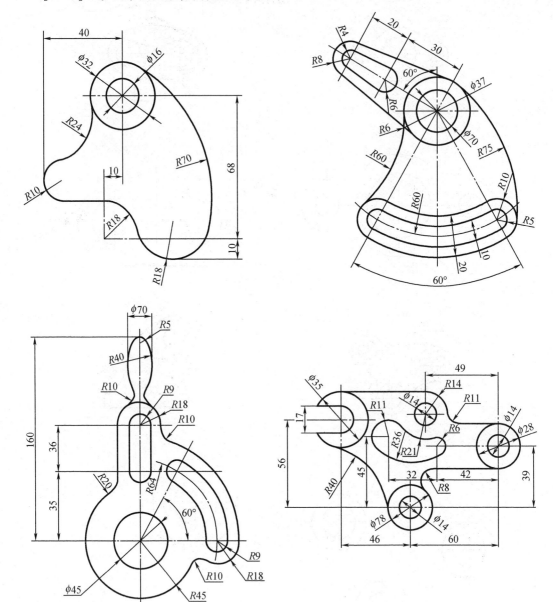

第二章　投　影　基　础

［2-1］　观察物体的三视图,在轴测图中找出对应的物体,填写对应的序号。

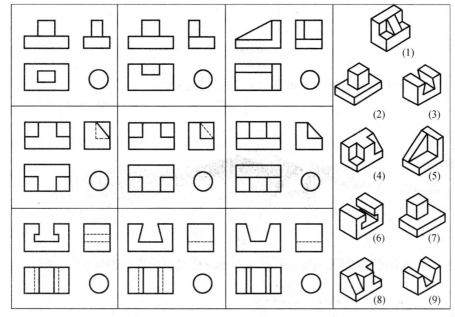

［2-2］　在三视图中标出 A,B 二点的三面投影。

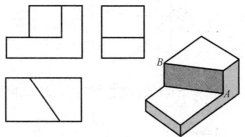

［2-3］　补画视图中的漏线,再标出 A,B,C,D 四点的三面投影。

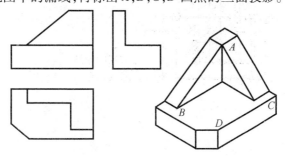

［2－4］　已知 A,B 的两面投影,求作第三面投影。

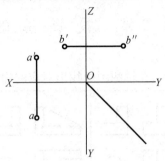

［2－5］　作点 $A(10,30,20)$, $B(20,0,15)$ 的三面投影。

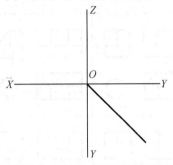

［2－6］　根据点的投影,分别写出点的坐标及点到投影面的距离。

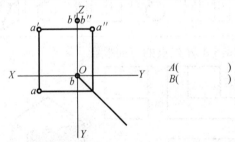

$$A(\qquad)$$
$$B(\qquad)$$

［2－7］　说明 B,C 两点相对点 A 的位置(指出左右、上下、前后)。

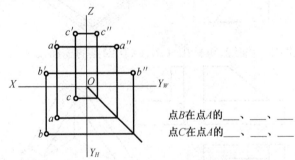

点 B 在点 A 的___、___、___

点 C 在点 A 的___、___、___

[2-8] 根据点的相对位置作出 B,D 两点的投影,并判断重影点的可见性。

(1)点 B 在点 A 的正下方 12 mm。　　　(2)点 D 在点 C 的正右方 15 mm。

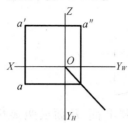 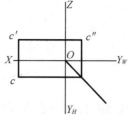

[2-9] 已知直线的两面投影,求作第三面投影,并判断空间位置后填空。

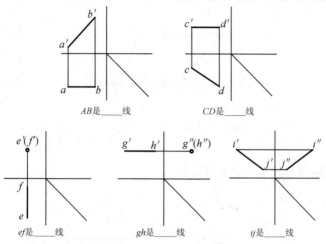

AB 是____线　　　CD 是____线

ef 是____线　　　gh 是____线　　　ij 是____线

[2-10] 求 cd,并在图上标出它与 V 面及 W 面的倾角 β 和 γ。

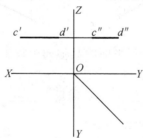

[2-11] 已知 AB 为正平线(B 点在 A 点的左下方),倾角 $\alpha=30°$,长度为 30。试完成直线 AB 的三面投影。

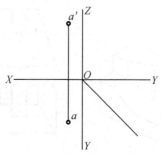

［2-12］ 在直线 *AB* 上求一点 *C*,使 *AC*:*CB* = 5:2,作出点 *C* 的投影。

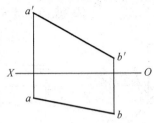

［2-13］ 在直线 *AB* 上找一点 *K*,使点 *K* 到 *V* 面、*H* 面的距离相等,并作出第三面投影。

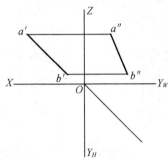

［2-14］ 判断两直线重影点的可见性。

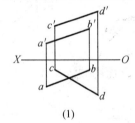
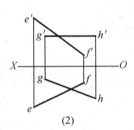

(1)   (2)

［2-15］ 在三视图中标出指定平面的其他两个投影,并在轴测图上用相应的大写字母标出各平面的位置。

(1)*A* 面是_____ *B* 面是_____,*C* 面是_____。

(2)*D* 面是_____,*E* 面是_____。

(3)*F* 面是_____,*G* 面是_____。

(4)*H* 面是_____,*K* 面是_____。

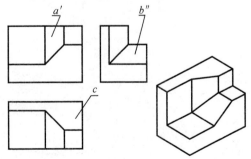
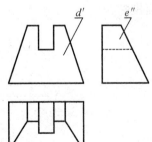
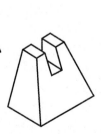

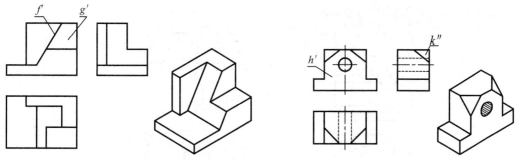

[2-16]　补画平面的第三投影,判断平面的空间位置。

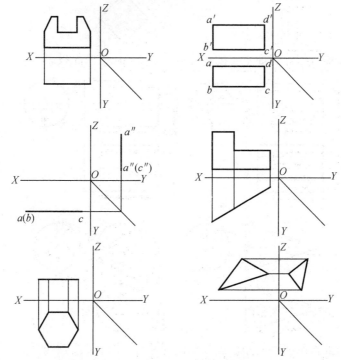

[2-17]　完成下列各题。

(1)通过作图判别点 K 是否在平面 ABC 内。

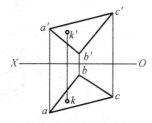

(2)已知点 K 属于△ABC 平面,完成△ABC 的正面投影。

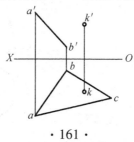

[2-18]　补画视图中的漏线。

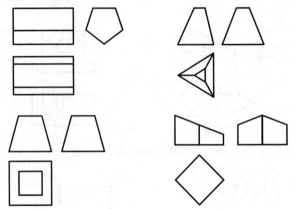

[2-19]　已知几何体表面上点的一个投影,求作其他两面投影。

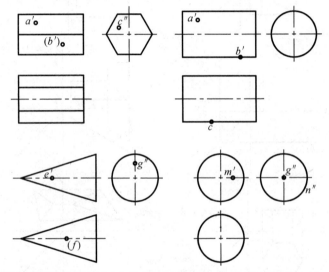

[2-20]　用细点画线补画视图中缺漏的对称线、中心线或轴线。

(1)　　　　　　　　　　　　　(2)

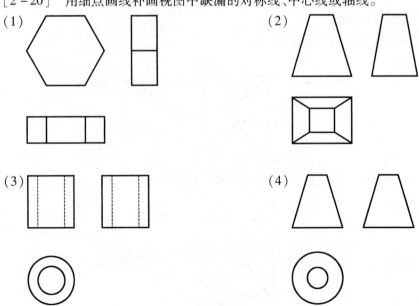

(3)　　　　　　　　　　　　　(4)

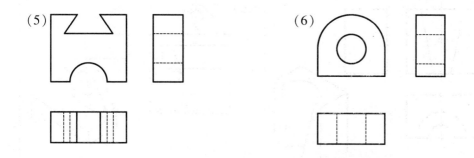

第三章 组合体视图及尺寸标注

[3-1] 根据轴测图,补全三视图中的漏线。

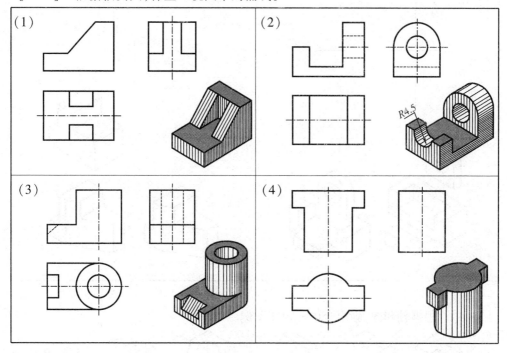

[3-2] 根据轴测图,补全三视图中的漏线。

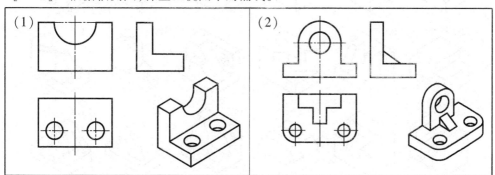

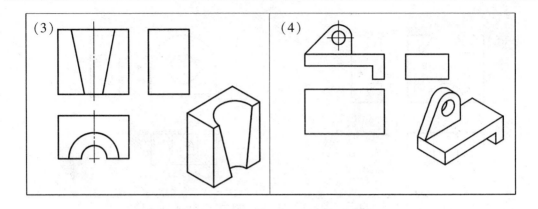

[3-3]　根据轴测图,画组合体三视图(运用形体分析法,尺寸从图中量取)。

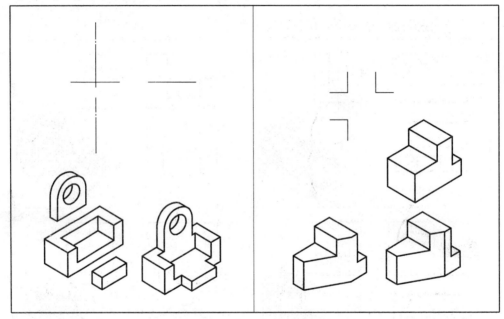

[3-4]　根据轴测图,画组合体三视图图例。

(1)　　　　(5)　　　　(9)　　　　(13)　　　　(17)　　　　(21)

(2)　　　　(6)　　　　(10)　　　　(14)　　　　(18)　　　　(22)

(3)　　　　(7)　　　　(11)　　　　(15)　　　　(19)　　　　(23)

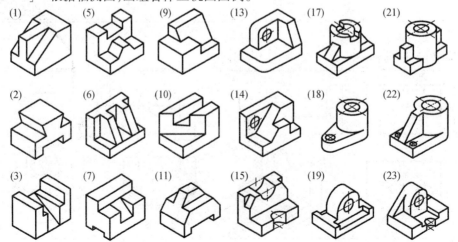

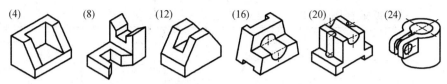

[3-5] 补全被切割物体或截交线的投影。

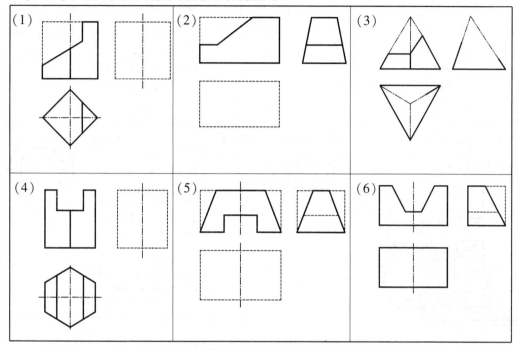

[3-6] 补全被切割物体或截交线的投影。

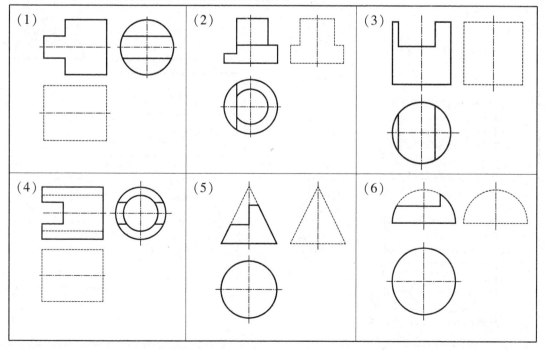

[3-7] 补画所缺视图或相贯线的投影(相贯线可用简化画法)。

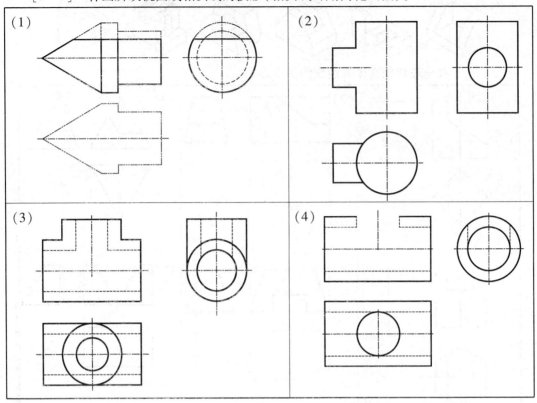

[3-8] 补画所缺视图或相贯线的投影(相贯线可用简化画法)。

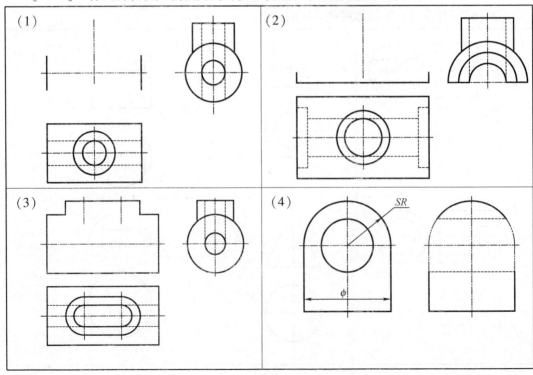

[3-9] 标注组合体尺寸(尺寸从图中量取,量取的值取整)。

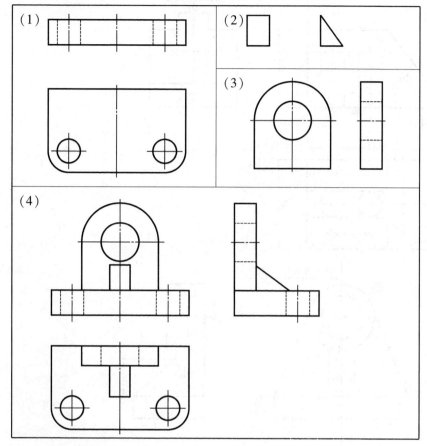

[3-10] 标注组合体尺寸(尺寸从图中量取,取整)。

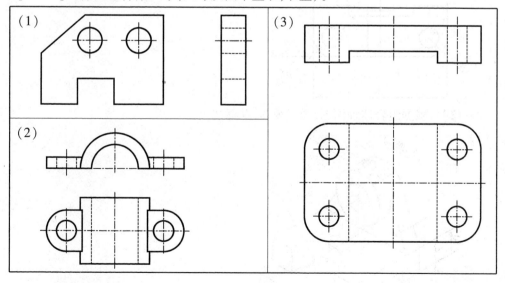

[3-11] 标注组合体尺寸(尺寸从图中量取,量取的值取整),并用图示方法标出其余方向的尺寸基准。

（1）

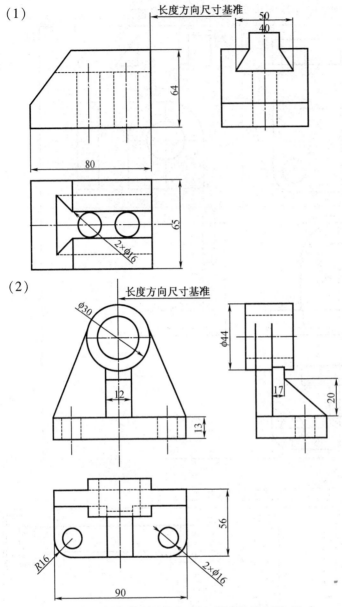

[3-12]　根据组合体轴测图,画三视图,并标注尺寸。

（1）

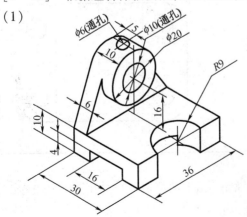

（2）

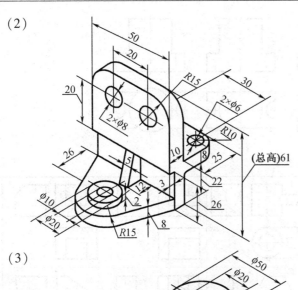

（3）

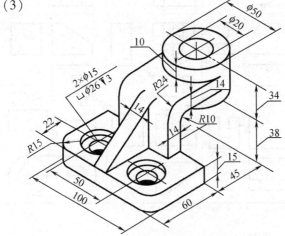

（4）

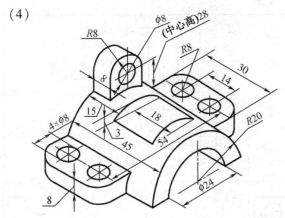

[3-13] 根据两面视图,补画视图中所缺的图线。

（1）

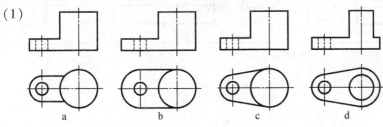

(2)

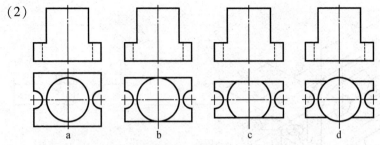

a   b   c   d

[3-14] 补画三视图中所缺的图线。

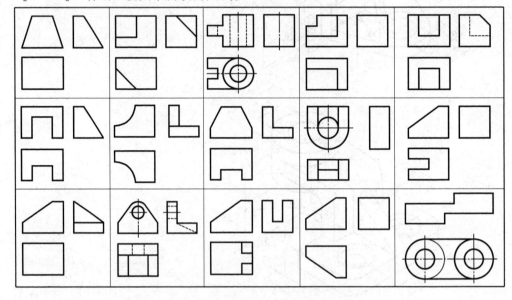

[3-15] 根据两面视图,补画第三视图。

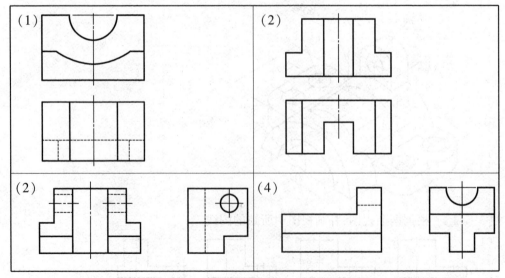

(1)   (2)

(2)   (4)

[3－16]　根据两面视图,补画第三视图。

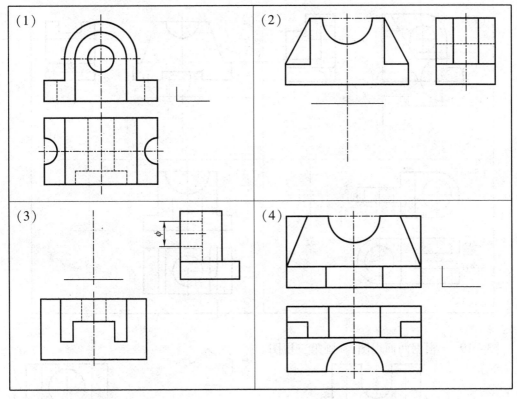

[3－17]　根据两面视图,补画第三视图。

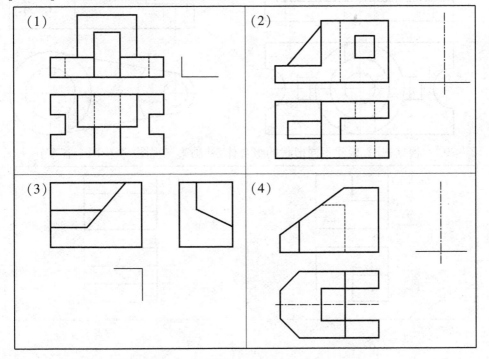

[3-18] 根据两面视图,补画第三视图。

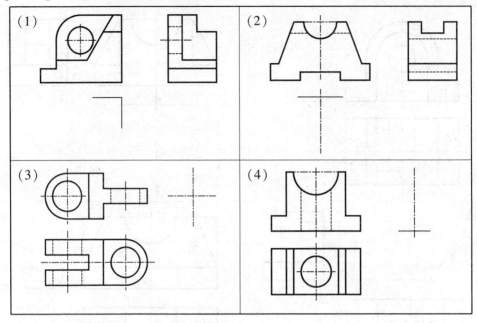

[3-19] 根据两面视图,补画第三视图。

(1)   (2)

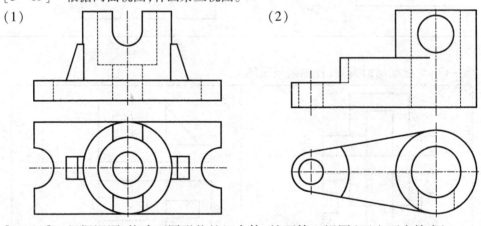

[3-20] 根据视图,构建不同形状的组合体,补画第三视图(至少两个答案)

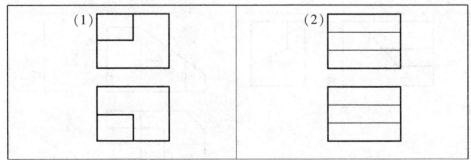

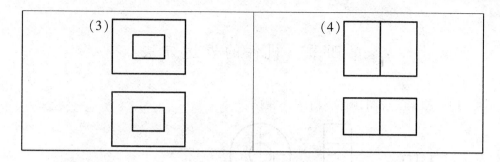

[3－21]　根据俯视图,构建不同形状的组合体,补画主、左视图(至少2个答案)

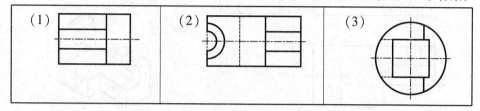

[3－22]　根据主视图,构建不同形状的组合体,补画俯、左视图(至少2个答案)

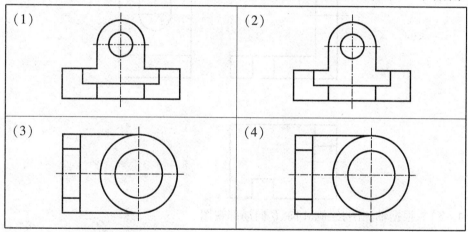

第四章　机件的表达方法

[4-1]　根据三视图,画全六个基本视图。

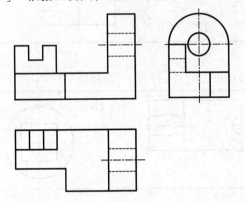
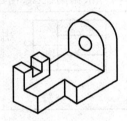

[4-2]　根据三视图,补画右、后、仰视图。

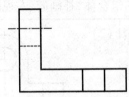

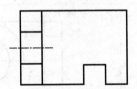

[4-3]　根据轴测图,绘制 A 向、B 向局部视图。

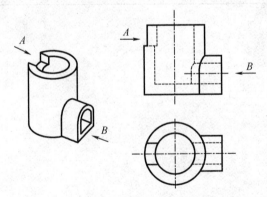

[4-4] 画出 *A* 向、*B* 向局部斜视图,使表达更清晰。

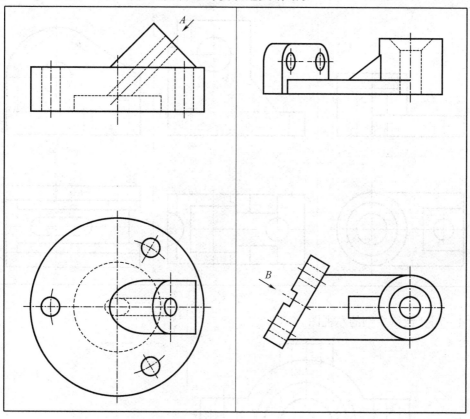

[4-5] 补画图中所缺的漏线。

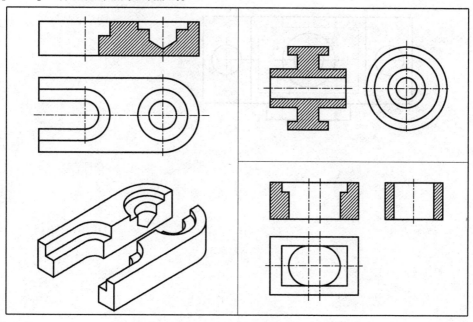

[4-6] 将主视图改为全剖视图。

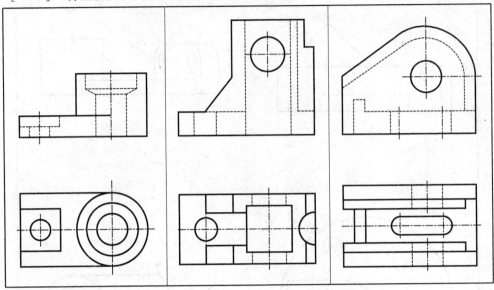

[4-7] 绘制全剖的左视图。

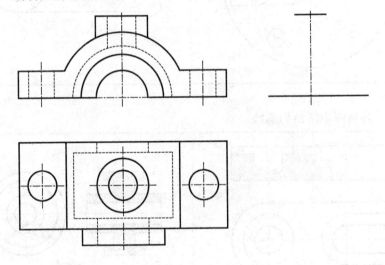

［4-8］　将主视图改画成半剖视图。

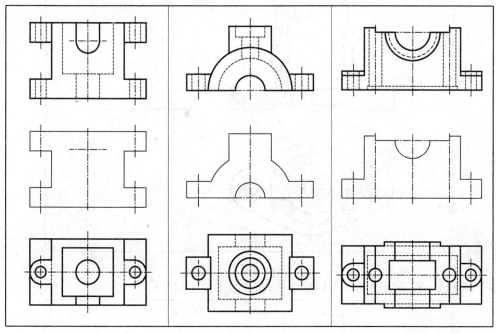

［4-9］　绘制半剖的左视图。

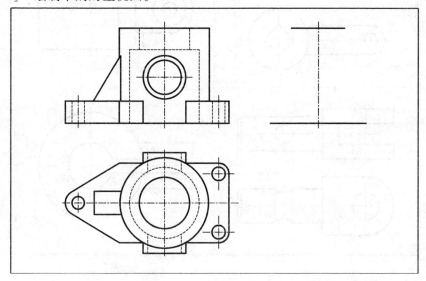

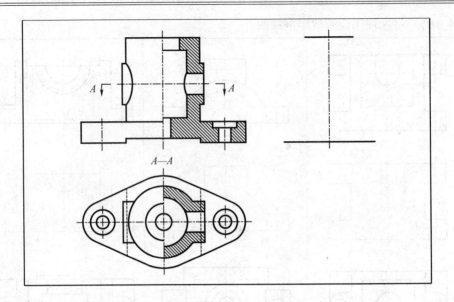

[4-10] 在适当的部位作局部剖视，在多余的线上打"×"。

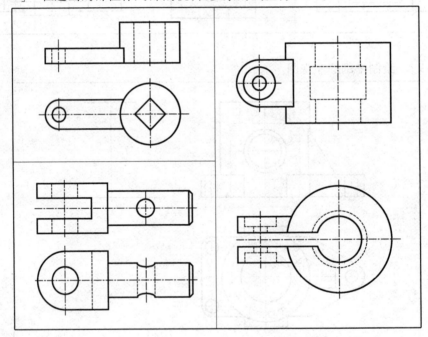

[4-11]　绘制单一斜剖切的全剖视图。

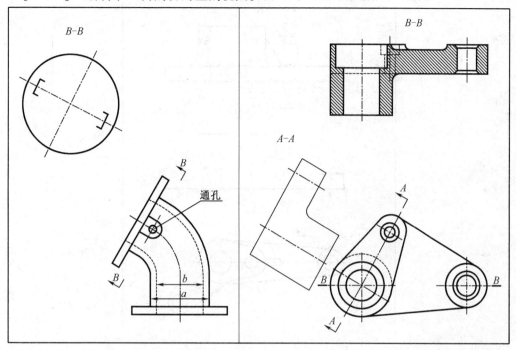

[4-12]　将主视图改画成阶梯剖半剖视图。

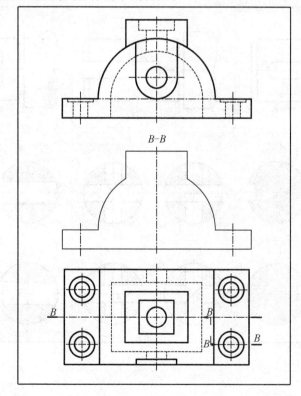

[4-13] 将主视图改画成旋转剖全剖视图。

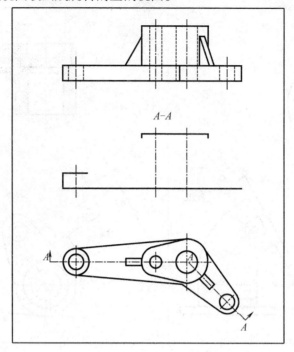

[4-14] 找出正确的移出断面,在括号内画"√"。

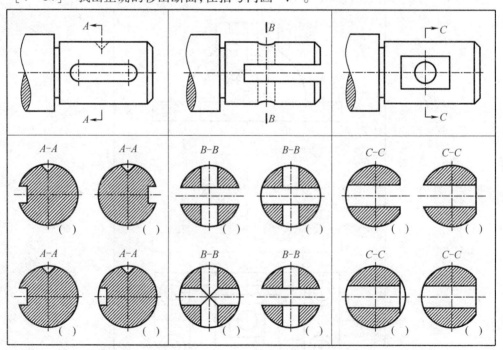

[4-15]　在指定位置绘制移出断面,尺寸从图中量取。

(1)

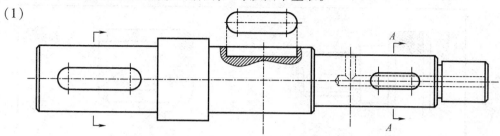

(2)

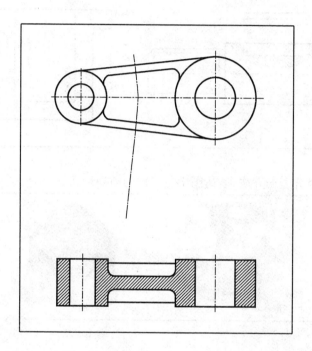

[4-16]　在指定位置画出重合断面图。

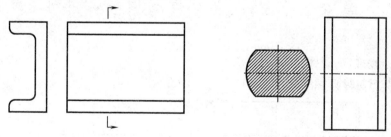

[4-17] 描述图中所采用的简化画法。

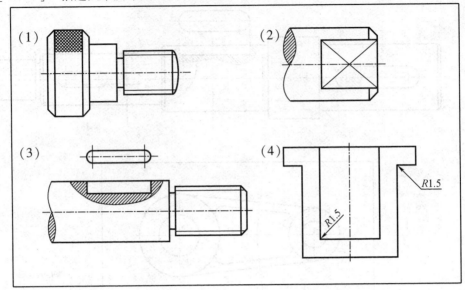

(1)   (2)   (3)   (4)

R1.5

R1.5

[4-18] 选择合适的方法,表达图中各零件的内外形状。

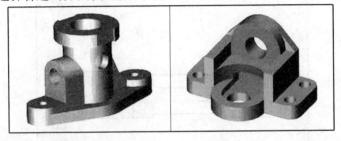

第五章 螺纹、齿轮及常用的标准件

[5-1] 按规定,画螺纹。

(1)外螺纹(M24),螺纹长度为30。

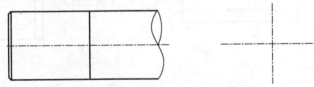

(2)螺纹通孔(M20),两端孔口倒角 C1。

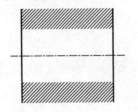

（3）螺纹不通孔（M16），钻孔深度30，螺纹深度24，孔口倒角 C1。

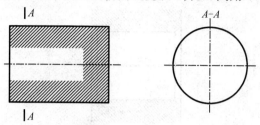

（4）将下列图形按螺纹连接的规定画法绘出。

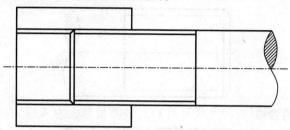

［5－2］ 解释螺纹代号的含义（查表确定）

螺纹代号	螺纹种类	内外螺纹	大径 /mm	小径 /mm	导程 /mm	螺距 /mm	旋向	公差带		旋合长度
								中径	顶径	
M10－6g	粗牙普通螺纹	外	10	8.376	1.5	1.5	右旋	6g	6g	中等
M24×2－6h										
M16LH－7g										
M12×1.5－5H－S										
M12－6g7h－L										
M8－7g										
M16×1.5LH－7H										
Rc1 $\frac{3}{4}$ －LH										
Rp3										
R $\frac{3}{4}$ －LH										
G1 $\frac{1}{2}$ －LH										
G $\frac{1}{2}$ A										

［5－3］ 标注螺纹代号。

（1）普通螺纹，大径为24，螺距为3，单线，右旋，中径和大径公差带为6g。

(2)普通螺纹,大径为24,螺距为3,单线,右旋,中径和大径公差带为6H。

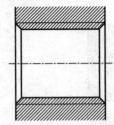

(3)普通螺纹,大径为16,螺距为2,单线,左旋,中径公差带为7g,大径公差带为6g。

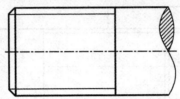

(4)非螺纹密封的管螺纹,尺寸代号为1/2,公差带等级为 A 级,右旋。

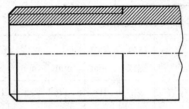

(5)用螺纹密封的圆锥内螺纹,尺寸代号为1/2,右旋。

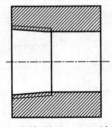

(6)用螺纹密封的圆锥外螺纹,尺寸代号为1,左旋。

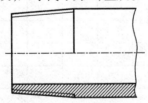

[5-4] 查表确定标准件的尺寸,并写出规定标记。

(1)六角头螺栓 C 级。

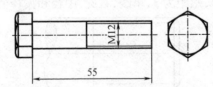

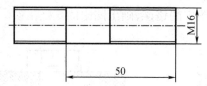

(2)双头螺柱 B 级 bm＝1.5d。

(3)开槽圆柱头螺钉。

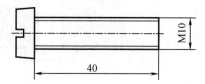

(4)开槽沉头螺钉。

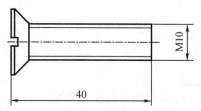

[5－5] 查表确定标准件的尺寸,并写出规定标记。

(1)I 型六角螺母——C 级。

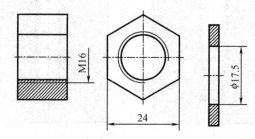

(2)平垫圈 C 级。

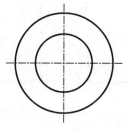

(3)圆柱销(公称直径为 10,长度为 50,$d_{公差}$ 为 h8)。

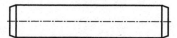

(4)圆锥销(A 型,公称直径为 10,长度为 50)。

[5－6] 螺栓连接与螺柱连接。

(1)分析螺栓连接三视图中的错误,画出图中的 5 处错误。

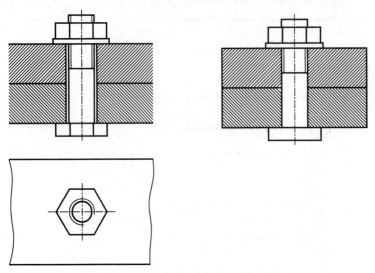

(2)对比下面两组图形,画出右图中的 5 处错误。

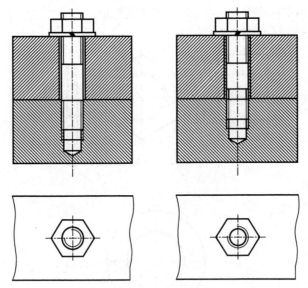

[5-7]　螺栓连接、螺柱连接与螺钉连接。

（1）按简化画法完成螺栓及螺栓连接的全剖视图（螺栓规格按 1:1 由图中量取）。

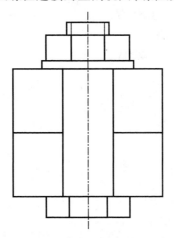

（2）按简化画法完成双头螺栓连接的全剖视图（螺纹孔深 32，钻孔深 40）。

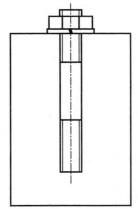

（3）按简化画法完成螺钉连接的两个视图，其中主视图画成全剖视图（螺孔深 15，钻孔深 20），俯视图为外形图。

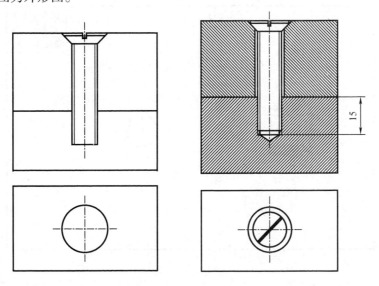

[5-8]　螺栓连接和螺钉连接。

(1)画螺栓连接的三视图(主视图画成全剖视图)。

已知条件:螺栓 GB/T 5780　M20×l,

螺母 GB/T 41 M20,

垫圈 GB/T 95 20—140HV。

(2)画螺钉连接的两视图(2:1)。

已知条件:螺钉 GB/T 68　M8×l,

光孔件厚度 t = 15 mm,

螺孔件材料为铝。

[5-9]　完成直齿圆柱齿轮零件图(标注尺寸,比例 1:1,其他尺寸由图中量,取整数;轮齿端部倒角为 C1)。

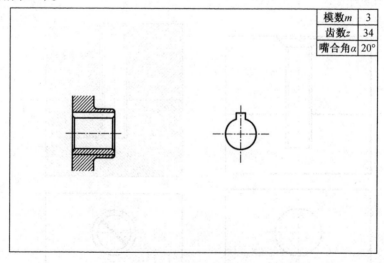

模数m	3
齿数z	34
啮合角α	20°

[5-10]　完成齿轮啮合图。已知大齿轮 $m=4,z=40$,两齿轮中心距 $a=120$,试计算大、小齿轮的基本尺寸,并用 1:2 的比例绘制。

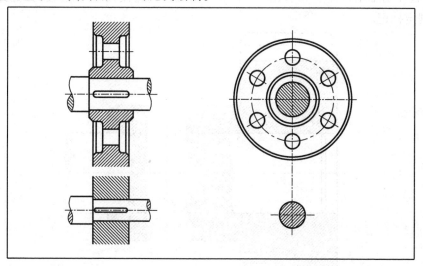

[5-11]　完成键连接图。

用 A 型普通平键连接轴和带轮。已知:轴、孔直径为 25,键的长度为 25。

(1)查表确定键和键槽的尺寸,按 1:1 完成轴和齿轮的图形,并标注键槽尺寸。

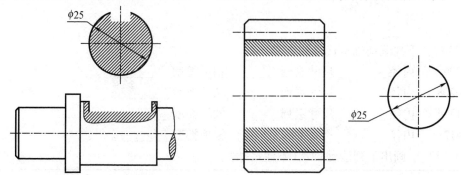

(2)写出键的规定标记。

(3)用键将轴和带轮连接起来,补全其连接图形。

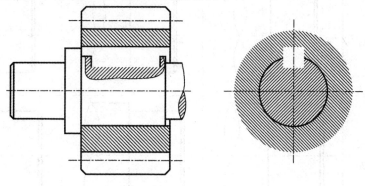

[5-12] 销连接和滚动轴承。

(1)齿轮与轴用直径为10、长度为32的A型圆柱销连接,画全销连接的剖视,并写出圆柱销的规定标记。

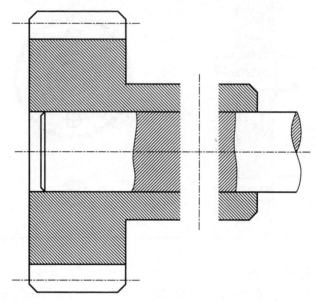

规定标记:

(2)解释下列滚动轴承代号的含义。

6306	内径_____	尺寸系列_____	轴承类型_____。
30208	内径_____	尺寸系列_____	轴承类型_____。
51314	内径_____	尺寸系列_____	轴承类型_____。
6412	内径_____	尺寸系列_____	轴承类型_____。

[5-13] 画出下列滚动轴承(不注尺寸)。

型号	通用画法	特征画法	规定画法
滚动轴承 6205 GB/T 279			
滚动轴承 30206 GB/T 276			

第六章　零　件　图

[6-1]　找出图中表面粗糙度标注的错误,并将正确的标注在下图中。

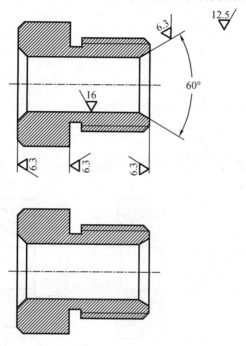

[6-2]　按表中的粗糙度数值,在图中标注表面粗糙度。

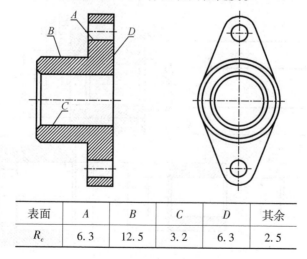

表面	A	B	C	D	其余
R_c	6.3	12.5	3.2	6.3	2.5

[6-3]　根据已知的基本尺寸和公差代号,查极限偏差表,并填写表中的内容。

基本尺寸及公差带代号	极限偏差	最大极限尺寸	最小极限尺寸	公差
$\phi50H7$	$\phi50$			
$\phi50f7$	$\phi50$			
$\phi30k6$	$\phi30$			
$\phi30s6$	$\phi30$			
$\phi50h6$	$\phi50$			
$\phi50G7$	$\phi50$			
$\phi30N7$	$\phi30$			
$\phi30U7$	$\phi30$			

[6-4]　根据零件图标注的尺寸,查极限偏差表,并在装配图中注出基本尺寸和配合代号。

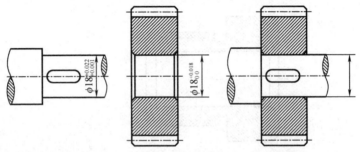

[6-5]　根据装配图中所注的基本尺寸和配合代号,说明其意义,并分别在相应的零件图上注出其基本尺寸和公差带代号。

(1)

$\phi15\dfrac{H7}{g6}$ _____

_____

$\phi25\dfrac{H7}{p6}$ _____

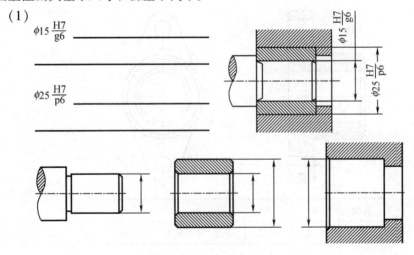

（2）$\phi10\dfrac{G7}{h6}$ _____ _____

_____ _____

$\phi10\dfrac{N7}{h6}$ _____ _____

_____ _____

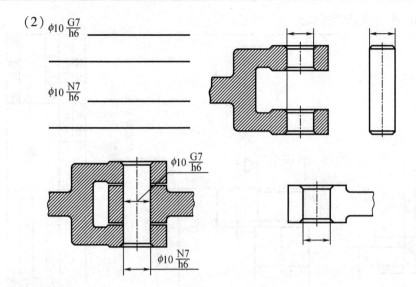

$\phi10\dfrac{G7}{h6}$

$\phi10\dfrac{N7}{h6}$

[6-6] 读轴的零件图,回答问题。

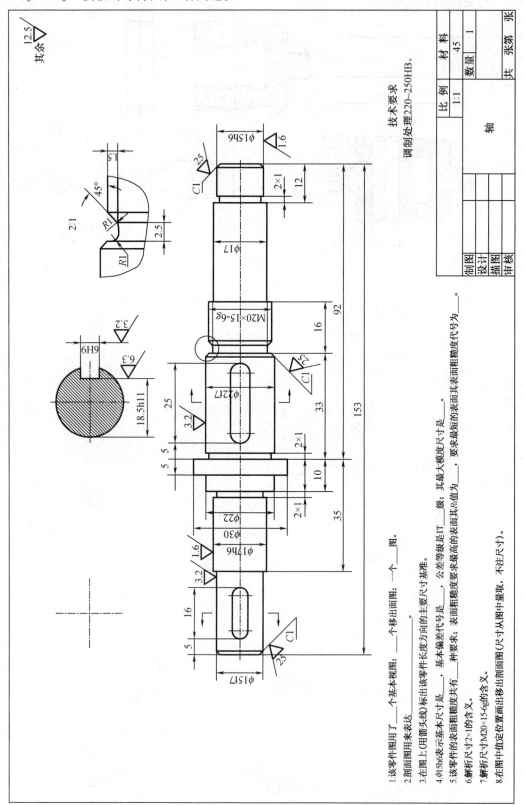

技术要求

调制处理220~250HB。

比 例		材 料	
1:1		45	
		数量	1
轴			
制图			
设计		共 张第 张	
描图			
审核			

1.该零件图用了 ___ 个基本视图; ___ 个移出面图; ___ 个 ___ 图。

2.剖面图用来表达 ___。

3.在图上(用箭头线)标出该零件长度方向的主要尺寸基准。

4.φ15h6表示基本尺寸是 ___, 基本偏差代号是 ___, 公差等级是IT ___ 级; 其其最大极限尺寸是 ___。

5.该零件的表面粗糙度共有 ___ 种要求; 表面粗糙度要求最高的表面其Ra值为 ___, 要求最低的表面其表面粗糙度代号为 ___。

6.解析尺寸2×1的含义。

7.解析尺寸M20×15-6g的含义。

8.在图中值定位置画出移出剖面图(尺寸从图中量取,不注尺寸)。

[6-7]　读轴承盖零件图,回答问题。

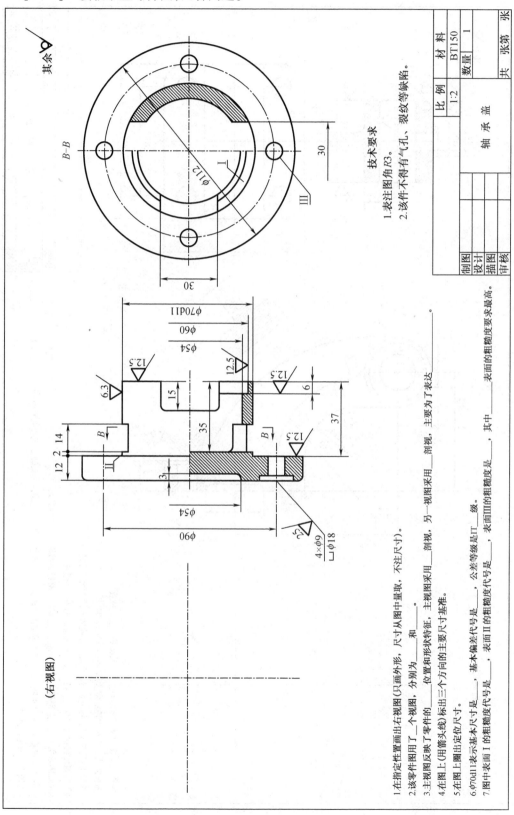

技术要求

1.表注图角 R3。

2.该件不得有气孔、裂纹等缺陷。

材　料　BT150

比　例　1:2

数　量　1

轴　承　盖

制图

设计

描图

审核

共　张第　张

1.在指定位置画出右视图(只画外形,尺寸从图中量取,不注尺寸)。

2.该零件图用了___个视图,分别为_____和_____。

3.主视图反映了零件的_____位置和形状特征,主视图采用___剖视,另一视图采用___剖视,主要为了表达_____。

4.在图上(用箭头线)标出三个方向的主要尺寸基准。

5.在图上圈出定位尺寸。

6.φ70d11 表示基本尺寸是_____,基本偏差代号是_____,公差等级是 IT___级。

7.图中表面 I 的粗糙度代号是___,表面 II 的粗糙度代号是___,表面 III 的粗糙度是___,其中_____表面的粗糙度要求最高。

(右视图)

· 195 ·

[6-8]　读踏脚座零件图,回答问题。

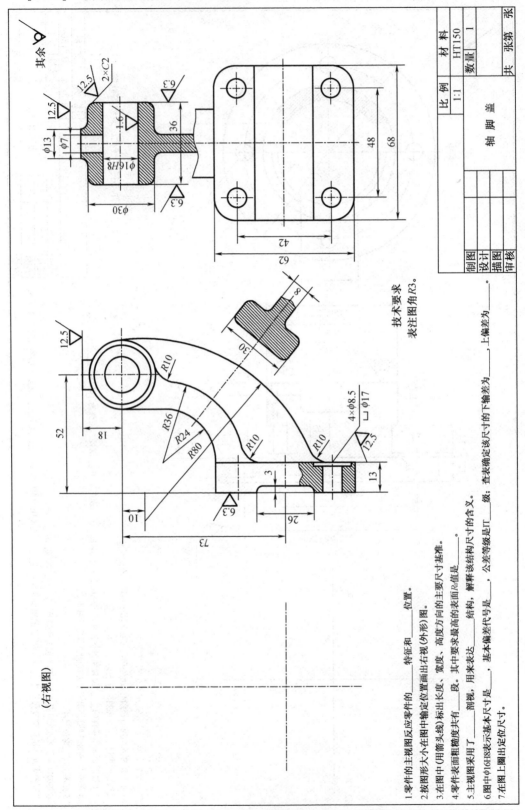

技术要求
表注图角R3。

材　料　HT150
数　量　1
比　例　1:1
共　张第　　张

轴 脚 盖

制图
设计
描图
审核

(右视图)

1.零件的主视图反应零件的 _____ 特征和 _____ 位置。

2.按图形大小在图中输定位置画出右视(外形)图。

3.在图中(用箭头线)标出长度、宽度、高度方向的主要尺寸基准。

4.零件表面粗糙度共有 _____ 段。其中要求最高的表面Ra值是 _____。

5.主视图采用了 _____ 剖视,用来表达 _____ 结构,解释该结构尺寸的含义。

6.图中φ16H8表示基本尺寸是 _____,基本偏差代号是 _____,公差等级是IT _____ 级;查表确定该尺寸的下输差为 _____,上偏差为 _____。

7.在图上圈出定位尺寸。

[6-9]　读壳体零件图,画出 *B—B* 剖视图(按图形大小量取,不画虚线),标出三个方向主要尺寸基准。

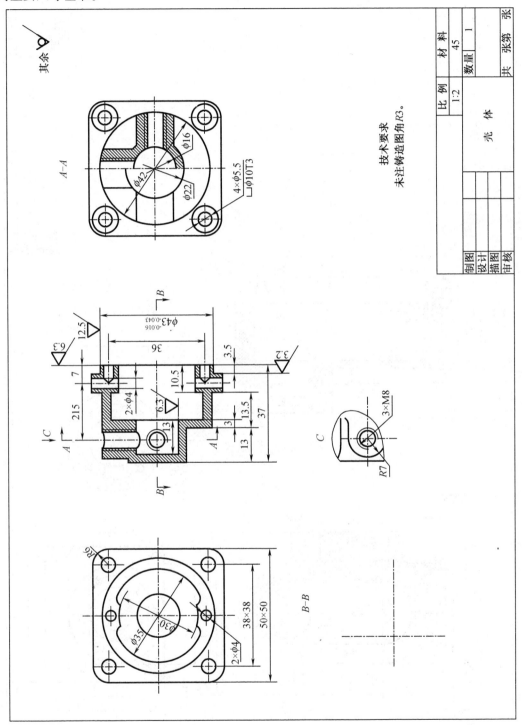

[6-10] 读底座零件图,画出左视图(按图形大小量取,只画外形图,不注尺寸)。

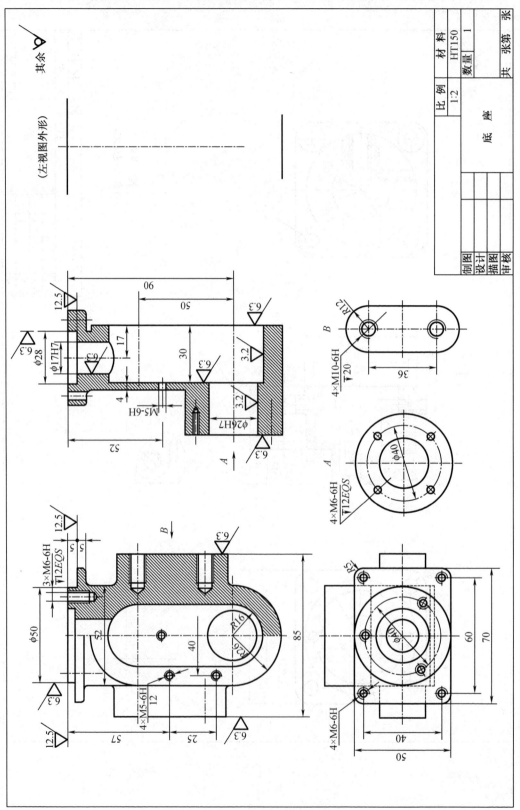

第七章　装　配　图

[7-1]　读千斤顶装配图,回答问题,拆画零件图。

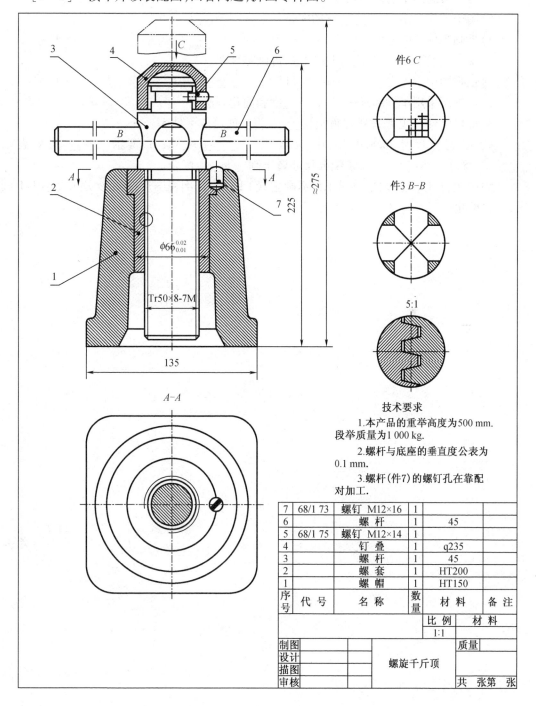

件6 C

件3 B-B

5:1

技术要求

1.本产品的重举高度为500 mm.
段举质量为1 000 kg.

2.螺杆与底座的垂直度公表为
0.1 mm.

3.螺杆(件7)的螺钉孔在靠配
对加工.

序号	代　号	名　称	数量	材　料	备注
7	68/1 73	螺钉 M12×16	1		
6		螺 杆	1	45	
5	68/1 75	螺钉 M12×14	1		
4		钉 叠	1	q235	
3		螺 杆	1	45	
2		螺 套	1	HT200	
1		螺 帽	1	HT150	

比　例	材　料
1:1	

制图			质量	
设计		螺旋千斤顶		
描图				
审核			共 张第 张	

（1）该装配图由_____个图形组成。图中采用_____、_____特殊表达方法。

（2）图中双点画线表达的是_____。

（3）该装配图中,配合尺寸有_____。

（4）解释图中尺寸 Tr50×8−7H 的含义_____。

（5）写出装配图中的外形尺寸_____。

（6）图中零件5是_____,它的完整代号是_____。

（7）拆画零件2的零件图。

［7−2］　读铣刀头装配图,回答问题,拆画零件图。

（1）主视图中155为_____尺寸,115为_____尺寸。

（2）左视图采用了拆卸画法、_____剖和简化画法。

（3）欲拆下件5,必须按顺序拆出件_____,便可取下件5。

（4）在配合尺寸 $\phi28H8/k7$ 中,$\phi28$ 是_____尺寸,H 表示_____,k 表示_____,8,7 表示_____,该配合尺寸属于制_____配合。

（5）画出件8的主视图(外形图,不画虚线)和 $B—B$ 剖视图。按图形实际大小1:1画图,不注尺寸。

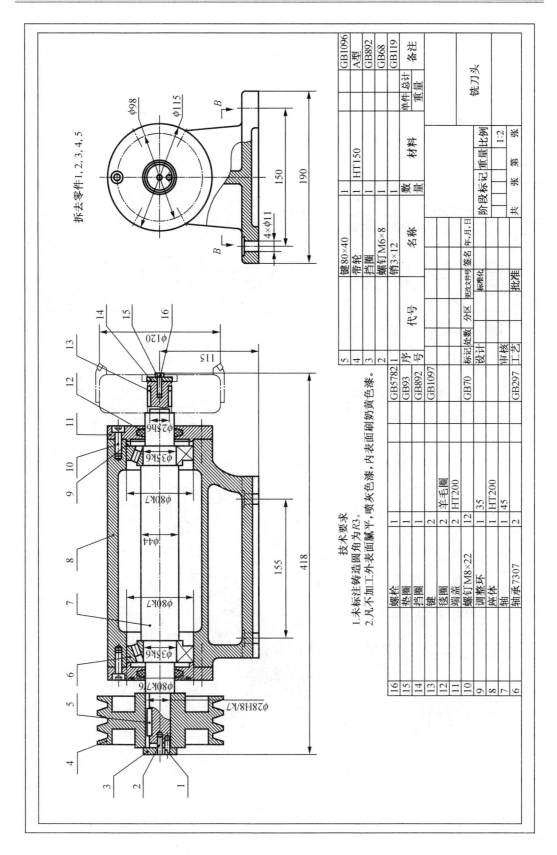

[7 – 3]　读齿轮油泵装配图,拆画零件7的零件图。

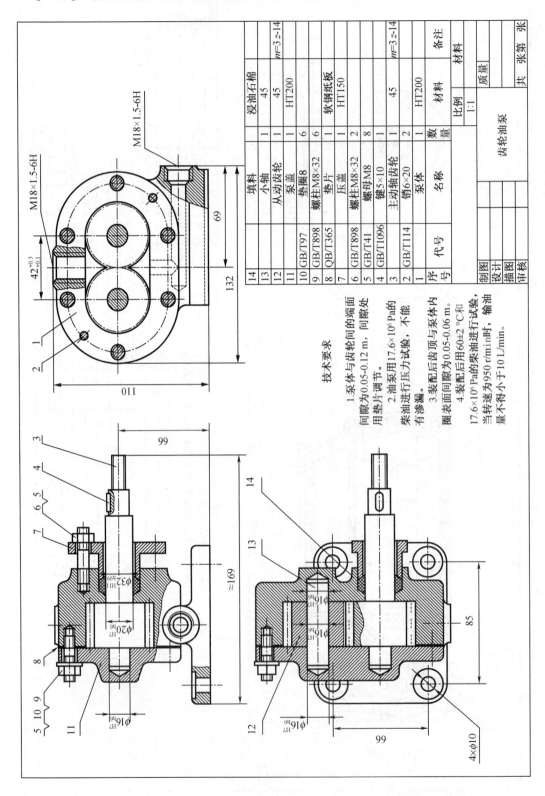

序号	代号	名称	数量	材料	备注
14		填料	1	浸油石棉	
13		小轴	1	45	
12		从动齿轮	1	45	m=3 z=14
11	GB/T97	泵盖	1	HT200	
10	GB/T898	垫圈8	6		
9	GB/T898	螺柱M8×32	6		
8	QB/T365	垫片	1	软钢纸板	
7		压盖	2		
6	GB/T898	螺柱M8×32	2		
5	GB/T41	螺母M8	8		
4	GB/T1096	键5×10	1		
3		主动轴齿轮	1	45	m=3 z=14
2	GB/T114	销6×20	2		
1		泵体	1	HT200	

比例　1:1

齿轮油泵

制图	
设计	
描图	
审核	

质量　　　共　张　第　张

技术要求

1. 泵体与齿轮间的端面间隙为0.05-0.12 m,间隙处用垫片调节。
2. 油泵用17.6×10⁶ Pa的柴油进行压力试验,不能有渗漏。
3. 装配后齿顶与泵体内圈表面间隙为0.05-0.06 m。
4. 装配后用60±2 ℃和17.6×10⁶ Pa的柴油进行试验,当转速为950 r/min时,输油量不得小于10 L/min。

M18×1.5-6H

M18×1.5-6H

69

132

$42^{+0.3}_{+0.1}$

110

99

≈169

14

13

12

85

99

4×φ10

$\phi32^{H11}_{h99}$

$\phi20^{H7}_{h6}$

$\phi16^{H7}_{h6}$

$\phi16^{H7}_{h6}$

$\phi16^{H7}_{h6}$

附 表

附表1 普通螺纹直径、螺距与公差带（摘自 GB/T 192，193，196，197）

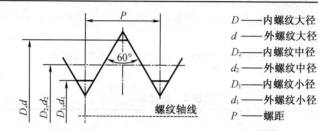

D ——内螺纹大径
d ——外螺纹大径
D_2 ——内螺纹中径
d_2 ——外螺纹中径
D_1 ——内螺纹小径
d_1 ——外螺纹小径
P ——螺距

标记示例：

M10 – 6g（粗牙普通外螺纹、公称直径 d = M10、右旋、中径及大径公差带匀为6g、中等旋合长度）

M10 × 1LH – 6H（细牙普通内螺纹、公称直径 D = M10、螺距 P = 1、左旋、中径及小径公差带均为6H、中等旋合长度）

公称直径(D,d)			螺纹距(P)		粗牙螺纹小径(D_1,d_1)
第一系列	第二系列	第三系列	粗牙	细牙	
4	—	—	0.7	0.5	3.242
5	—	—	0.8		4.134
6	—	—	1	0.75,(0.5)	4.917
—	—	7			5.917
8	—	—	1.25	1,0.75,(0.5)	6.647
10	—	—	1.5	1.25,1,0.75,(0.5)	8.376
12	—	—	1.75	1.5,1.25,1,(0.75),(0.5)	10.106
—	14	—	2		11.835
—	—	15		1.5,1	*13.376
16	—	—	2	1.5,1,(0.75),(0.5)	13.836
—	18	—	2.5	2,1.5,1,(0.75),(0.5)	15.294
20	—	—			17.294
—	22	—			19.294
24	—	—	3	2,1.5,1,(0.75)	20.752
—	—	25	—	2,1.5,(1)	*22.35
—	27	—	3	2,1.5,1,(0.75)	23.752
30	—	—	3.5	(3),2,1.5,1,(0.75)	26.211
—	33	—		(3),2,1.5,(1),(0.75)	29.211
—	—	35	—	1.5	*33.376
36	—	—	4	3,2,1.5,(1)	31.670
—	39	—			34.670

附表1(续)

螺纹种类	精度	外螺纹公差带			内螺纹公差带		
		S	N	L	S	N	L
普通螺纹	中等	(5g6g) (5h6h)	*6g, *6e *6h, *6f	7g6g (7h6h)	*5H (5G)	*6H (6G)	*7H (7G)
	粗糙	—	8g, (8h)	—	—	7H,(7G)	—

注:1.优先选用第一系列,其次是第二系列,第三系列尽可能不用;括号内尺寸尽可能不用。

2.大量生产的精制坚固件螺纹,推荐采用带方框的公差带;带 * 的公差带优先选用,括号内的公差带尽可能不用。

3.两种精度选用原理:中等——一般用途;粗糙——对精度要求不高时采用。

附表2 管螺纹

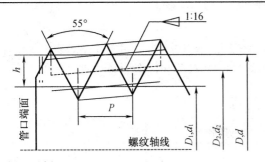

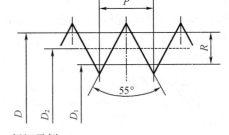

标记示例:

R1/2 (尺寸代号1/2,右旋圆锥外螺纹)

Rc1/2—LH (尺寸代号1/2,左旋圆锥内螺纹)

标记示例:

G1/2—LH (尺寸代号1/2,左旋内螺纹)

G1/2A (尺寸代号1/2,A级右旋外螺纹)

尺寸代号	大径($d=D$) /mm	中径($d_2=D_2$) /mm	小径($d_1=D_1$) /mm	螺距(P) /mm	牙高(h) /mm	每25.4 mm 内的牙数(n)
1/4	13.157	12.301	11.445	1.337	0.856	19
3/8	16.662	15.806	14.950			
1/2	20.955	19.793	18.631	1.814	1.162	14
3/4	26.441	25.279	24.117			
1	33.249	31.770	30.291			
$1\frac{1}{4}$	41.910	40.431	28.952			
$1\frac{1}{2}$	47.803	46.324	44.845	2.309	1.479	11
2	59.614	58.135	56.656			
$2\frac{1}{2}$	75.184	73.705	72.226			
3	87.884	86.405	84.926			

附表3　六角头螺栓/mm

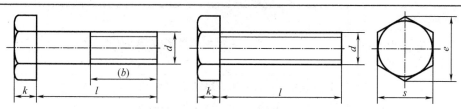

标记示例：

螺栓　GB/T 5780　M20×100　（螺纹规格 d = M20、公称长度 l = 100、性能等级为 4.8 级、不经表面处理、杆身半螺纹、产生等级为 C 级的六角头螺栓）

螺纹规格(d)		M5	M6	M8	M10	M12	M16	M20	M24	M30	M36	M42
b 参考	$l_{公称}$≤125	16	18	22	26	30	38	40	54	66	78	—
	125<$l_{公称}$≤200	—	—	28	32	36	44	52	60	72	84	96
	$l_{公称}$>200	—	—	—	—	—	57	65	73	85	97	109
$k_{公称}$		3.5	4.0	5.3	6.4	7.5	10	12.5	15	18.7	22.5	26
s_{min}		8	10	13	16	18	24	30	36	46	55	65
e_{max}		8.63	10.9	14.2	17.6	19.9	26.2	33.0	39.6	50.9	60.8	72.0
l 范围	GB/T 5780	25~50	30~60	35~80	40~100	45~120	55~160	65~200	80~240	90~300	110~300	160~420
	GB/T 5781	10~40	12~50	16~65	20~80	25~100	35~100	40~100	50~100	60~100	70~100	80~420
$l_{公称}$		10、12、16、20~50(5 进位)、(55)、60、(65)、70~160(10 进位)、180、220~500(20 进位)										

附表4　双头螺柱/mm(摘自 GB/T 897~900)

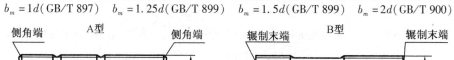

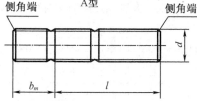 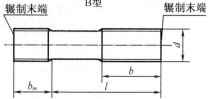

标记示例：b_m(放入机体端长度)

螺柱　GB/T 900　M10×50　（两端均粗牙普通螺纹、d = M10、l = 50，性能等级为 4.8 级、不经表面处理、B 型、b_m = 2d 的双螺柱）

螺纹规格(d)	b_m(旋入机体端长度)				l/b(螺柱长度/旋螺母端长度)
	GB/T 897	GB/T 898	GB/T 899	GB/T 900	
M4	……	—	6	8	(16~22)/8;(25~40)/14
M5	5	6	8	10	(16~22)/10;(25~50)/16

附表4（续）

螺纹规格（d）	b_m（旋入机体端长度）				l/b（螺柱长度/旋螺母端长度）
	GB/T 897	GB/T 898	GB/T 899	GB/T 900	
M6	6	8	10	12	（20～22）/10；（25～30）/14；（32～75）18
M8	8	10	12	16	（20～22）/12；（25～30）/16；（32～90）/22
M10	10	12	15	20	（25～28）/14；（30～38）/16；（40～120）/26；130/32
M12	12	15	18	24	（25～30）/16；（32～40）/20；（45～120）/30；（130～180）/36
M16	16	20	24	32	（30～38）/20；（40～55）/30；（60～120）/38；（130～200）/44
M20	20	25	30	40	（35～40）/25；（45～65）/35；（70～120）/46；（130～200）/52
（M24）	24	30	36	48	（45～50）/30；（55～75）/45；（80～120）/54；（130～200）/60
（M30）	30	38	45	60	（60～65）/45；（80～110）/60；120/78；（130～200）/72；（210～250）/85
M36	36	45	54	72	（65～75）/45；（80～110）/60；120/78；（130～200）/84；（210～300）/97
M42	42	52	63	84	（70～80）/50；（85～110）/70；120/90；（130～200）/96；（210～300）/109
$l_{公称}$	12；（14）；16；（18）；20；（22）25；（28）；30；（32）；35；（38）；40；45；50；55；60；（65）；70；75；80；（85）；90；（95）；100～260（10进位）；280；300				

附表5　螺钉/mm（摘自 GB/T 65、67、68）

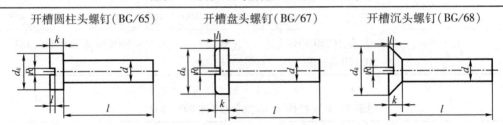

开槽圆柱头螺钉（BG/65）　　　开槽盘头螺钉（BG/67）　　　开槽沉头螺钉（BG/68）

标记示例：

螺钉　GB/T 65　M5×20　（螺纹规格 d = M5、l = 30、性能等级为 4.8 级、不经表面处理的开槽柱头螺钉）

螺纹规格 d			M1.6	M2	M2.5	M3	（M3.5）	M4	M5	M6	M8	M10
$n_{公称}$			0.4	0.5	0.6	0.8	1	1.2	1.2	1.6	2	2.5
GB/T 65	d_k	max	3	3.8	4.5	5.5	6	7	8.5	10	13	16
	k	max	1.1	1.4	1.8	2	2.4	2.6	3.3	3.9	5	6
	t	min	0.45	0.6	0.7	0.85	1	1.1	1.3	1.6	2	2.4
	$l_{范围}$		2～16	3～20	3～25	4～30	5～35	5～40	6～50	8～60	10～80	12～80
GB/T 67	d_k	max	3.2	4	5	5.6	7	8	9.5	12	16	20
	k	max	1	1.3	1.5	1.8	2.1	2.4	3	3.6	4.8	6
	t	min	0.35	0.5	0.6	0.7	0.8	1	1.2	1.4	1.9	2.4
	$l_{范围}$		2～16	2.5～20	3～25	4～30	5～35	5～40	6～50	8～60	10～80	12～80

附表5（续）

螺纹规格 d		M1.6	M2	M2.5	M3	(M3.5)	M4	M5	M6	M8	M10
GB/T 68	d_k　max	3	3.8	4.7	5.5	7.3	8.4	9.3	11.3	15.8	18.3
	k　max	1	1.2	1.5	1.65	2.35	2.7	2.7	3.3	4.65	5
	t　min	0.32	0.4	0.5	0.6	0.9	1	1.1	1.2	1.8	2
	$l_{范围}$	2.5~16	3~20	4~25	5~30	6~35	6~40	8~50	8~60	10~80	12~80
$l_{系列}$		2,2.5,3,4,5,6,8,10,12,(14),16,20,25,30,35,40,45,50,(55),60,(65),70,(75),80										

附表6　六角螺母　C级/mm(摘自 GB/T 41)

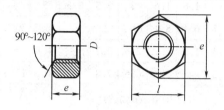

标记示例：

螺母　GB/T 41　M12

（螺纹规格 D = M12、性能等级为 5 级、不经表面处理、产品等级为 C 级的六角螺母）

螺纹规格(D)	M5	M6	M8	M10	M12	M16	M20	M24	M30	M36	M42	M48	M56
s_{max}	8	10	13	16	18	24	30	36	46	55	65	75	95
e_{min}	8.63	10.9	14.2	17.6	19.9	26.2	33.0	39.6	50.9	60.8	72.0	82.6	104.86
m_{max}	5.6	6.1	7.9	9.5	12.2	15.9	18.7	22.3	26.4	31.5	34.9	38.9	45.9

附表7　垫圈/mm

平垫圈　A级(摘自 GB/T 97.1)　　　　　　平垫圈　C级(摘自 GB/T 96)

平垫圈　倒角型　A级(摘自 GB/T 97.2)　　标准型弹簧圈(摘自 GB/T 93)

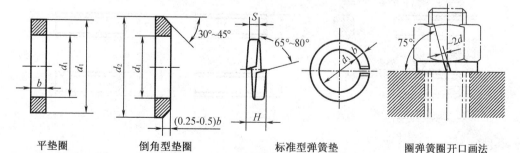

平垫圈　　　　倒角型垫圈　　　　标准型弹簧垫　　　圈弹簧圈开口画法

标记示例:垫圈　GB/T 95　8—100 HV　(标准系列、规格8、性能等级为 100HV 级、不经表面处理,产品等级为 C 级的平垫圈)

垫圈　GB/T 93　10　（规格10、材料为65Mn、表面氧人的标准乡长垫圈）

附表 7(续)

公称尺寸 d(螺纹规格)		4	5	6	8	10	12	14	16	20	24	30	36	42	48
GB/T 97.1 （A级）	d_1	4.3	5.3	6.4	8.4	10.5	13.0	15	17	21	25	31	37	—	—
	d_2	9	10	12	16	20	24	28	30	37	44	56	66	—	—
	h	0.8	1	1.6	1.6	2	2.5	2.5	3	3	4	4	5	—	—
GB/T 97.2 （A级）	d_1	—	5.3	6.4	8.4	10.5	13	15	17	21	25	31	37	—	—
	d_2	—	10	12	16	20	24	28	30	37	44	56	66	—	—
	h	—	1	1.6	1.6	2	2.5	2.5	3	3	4	4	5	—	—
GB/T 95 （C级）	d_1	—	5.5	6.6	9	11	13.5	15.5	17.5	22	26	33	39	45	52
	d_2	—	10	12	16	20	24	28	30	37	44	56	66	78	92
	h	—	1	1.6	1.6	2	2.5	2.5	3	3	4	4	5	8	8
GB/T 93	d_1	4.1	5.1	6.1	8.1	10.2	12.2	—	16.2	20.2	24.5	30.5	36.5	42.5	48.5
	$S=b$	1.1	1.3	1.6	2.1	2.6	3.1	—	4.1	5	6	7.5	9	10.5	12
	H	2.8	3.3	4	5.3	6.5	7.8	—	10.3	12.5	15	18.6	22.5	26.3	30

注:1. A 级适用于精装配系列,C 级适用于中等装配系列。

2. C 级垫圈没有 R_a3.2 和去毛刺的要求。

附表 8　平键及键槽各部分尺寸/mm(摘自 GB/T 1095、1096)

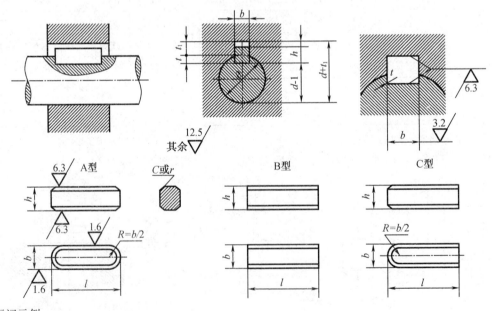

标记示例:

键　16×100　GB/T 1098　(圆头普通平键、b = 1.6,h = 10,L = 100)

键　B16×100　GB/T 1096　(平头普通平键、b = 1.6,h = 10,L = 100)

键　C16×100　GB/T 1096　(单圆头普通平键、b = 1.6,h = 10,L = 100)

附表8（续）

轴	键		键槽											
				宽度(b)					深度				半径(r)	
公称直径 (d)	公称尺寸 (b×h)	长度 (L)	公称尺寸 (b)	较松键连接		一般键连接		较紧键连接	轴(t)		毂(t₁)			
				轴 H9	毂 D10	轴 N9	毂 JS9	轴和毂 P9	公称	偏差	公称	偏差	最大	最小
>10~12	4×4	8~45	4	+0.030 / 0	+0.078 / +0.030	0 / -0.030	±0.015	-0.012 / -0.042	2.5	+0.1 / 0	1.8	+0.1 / 0	0.08	0.15
>12~17	5×5	10~56	5						3.0		2.3		0.06	0.25
>17~22	6×6	14~70	6						3.5		2.8			
>22~30	8×7	18~90	8	+0.036 / 0	+0.098 / +0.040	0 / -0.036	±0.018	-0.015 / -0.051	4.0		3.3		0.25	0.40
>30~38	10×8	22~110	10						5.0		3.3			
>38~44	12×8	28~140	12	+0.043 / 0	+0.120 / +0.050	0 / -0.043	±0.022	-0.018 / -0.061	5.0		3.3			
>44~50	14×9	36~160	14						5.5	+0.2 / 0	3.8	+0.2 / 0		
>50~58	16×10	45~180	16						6.0		4.3			
>58~65	18×11	50~200	18						7.0		4.4			
>65~75	20×12	56~220	20	+0.052 / 0	+0.149 / +0.065	0 / -0.052	±0.026	-0.022 / -0.074	7.5		4.9		0.40	0.60
>75~85	22×14	63~250	22						9.0		5.4			
>85~95	25×14	70~280	25						9.0		5.4			
>95~110	28×16	80~320	28						10		6.4			

$L_{系列}$	6~22(2进位),25,28,32,36,40,45,50,56,63,70,80,90,100,125,140,160,180,200,220,250,280,320,360,400,450,500

注:1.$(d-t)$和$(d+t_1)$两组合尺寸的集限偏差按相应的t和t_1的极限偏差选取,但$(d-t)$极限偏差应取负号$(-)$。

    2.键b的极限偏差为b9,键h的极限偏差为h11,键长L的极限偏差为h14。

附表9　圆柱销　不淬硬钢笔奥氏体不锈钢/mm(摘自 GB/T 119.1)

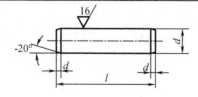

标记示例:

销　GB/T 119.1　10　m6×90　（公称直径$d=10$、公差为m6、公称长度$l=90$、材料为钢、不经表面处理的圆柱销）

销　GB/T 119.1　10　m6×90－A1　（公称直径$D=10$、公差为m6、公和乐长度$l=90$、材料为A1组奥氏体不锈钢、表面简单处理的圆柱销）

$d_{公称}$	2	2.5	3	4	5	6	8	10	12	16	20	25
$c\approx$	0.35	0.4	0.5	0.63	0.8	1.2	1.6	2.0	2.5	3.0	3.5	4.0
$l_{旧}$	6~20	6~24	8~30	8~40	10~50	12~60	14~80	18~95	22~140	26~180	35~200	50~200
$l_{公称}$	2,3,4,5,6~32(2进位),35~100(5进位),120~200(20进位)(公称长度大于200,按20递增)											

附表 10　圆锥销/mm(摘自 GB/T 117)

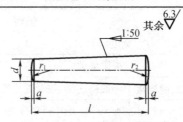

A 型(磨削):锥面表面粗糙度 $R_a = 0.8\mu m$　　　B 型(切削或冷镦):锥面表面粗糙度 $R_a = 0.2\mu m$

$$r_2 \approx \frac{a}{2} + d + \frac{(0.021)^2}{8a}$$

标记示例:

销　GB/T 117　6×30　(公称直径 $d=6$、公称长度 $l=30$、材料为 35 钢、热处理硬度 ~38HRC、表面氧化处理的 A 型圆锥销)

$d_{公称}$	2	2.5	3	4	5	6	8	10	12	16	20	25
$a\approx$	0.25	0.3	0.4	0.5	0.63	0.8	1.0	1.2	1.6	2.0	2.5	3.0
$l_{旧}$	10~35	10~35	12~45	14~55	18~60	22~90	26~160	22~120	32~180	40~200	45~200	50~200
$l_{公称}$	2,3,4,5,6~32(2 进位),35~100(5 进位),120~200(20 进位)(公称长度大于 200,按 20 递增)											

附表 10　圆锥销/mm(摘自 GB/T 117)

深沟球轴承(摘自 GB/T 276)	圆锥滚子轴承(摘自 GB/T 277)	单向推力球轴承(摘自 GB/T 301)
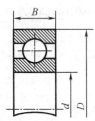		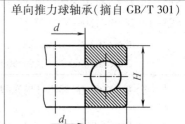
标记示例: 滚动轴承 6310 GB/T 276	标记示例: 滚动轴承 30212 GB/T 297	标记示例: 滚动轴承 51305 GB/T 301

轴承型号	尺寸/mm			轴承型号	尺寸/mm					轴承型号	尺寸/mm			
	d	D	B		d	D	B	C	T		d	D	T	d_1
尺寸系列[(0)2]				尺寸系列[02]						尺寸系列[12]				
6202	15	35	11	30203	17	40	12	11	13.25	51202	15	32	12	17
6203	17	40	12	30204	20	47	14	12	15.25	51203	17	35	12	19
6204	20	47	14	30205	25	52	15	13	16.25	51204	20	40	14	22
6205	25	52	15	30206	30	62	16	14	17.25	51205	25	47	15	27
6206	30	62	16	30207	35	72	17	15	18.25	51206	30	52	16	32
6207	35	72	17	30208	40	80	18	16	19.75	51207	35	62	18	37
6208	40	80	18	30209	45	85	19	16	20.75	51208	40	68	19	42
6209	45	85	19	30210	50	90	20	17	21.75	51209	45	73	20	47
6210	50	90	20	30211	55	100	21	18	22.75	51210	50	78	22	52
6211	55	100	21	30212	60	110	22	19	23.75	51211	55	90	25	57
6212	60	110	22	30213	65	120	23	20	24.75	51212	60	95	26	62

附表 11　滚动轴承

轴承型号	尺寸/mm			轴承型号	尺寸/mm					轴承型号	尺寸/mm			
	d	D	B		d	D	B	C	T		d	D	T	d_1
尺寸系列[(0)3]				尺寸系列[03]						尺寸系列[13]				
6302	15	42	13	30302	15	42	13	11	14.25	51304	20	47	18	22
6303	17	47	14	30303	17	47	14	12	15.25	51305	25	52	18	27
6304	20	52	15	30304	20	52	15	13	16.25	51306	30	60	21	32
6305	25	62	17	30305	25	62	17	15	18.25	51307	35	68	24	37
6306	30	72	19	30306	30	72	19	16	20.75	51308	40	78	26	42
6307	35	80	21	30307	35	80	21	18	22.75	51309	45	85	28	47
6308	40	90	23	30308	40	90	23	20	25.25	51310	50	95	31	52
6309	45	100	25	30309	45	100	25	22	27.25	51311	55	105	35	57
6310	50	110	27	30310	50	110	27	23	29.25	51312	60	110	35	62
6311	55	120	29	30311	55	120	29	25	31.50	51313	65	115	36	67
6312	60	130	31	30312	60	130	31	26	33.50	51314	70	125	40	72
尺寸系列[(0)4]				尺寸系列[13]						尺寸系列[14]				
6403	17	62	17	31305	25	62	17	13	18.25	51405	25	60	24	27
6404	20	72	19	31306	30	72	9	14	20.75	51406	30	70	28	32
6405	25	80	21	31307	35	80	21	15	22.75	51407	35	80	32	37
6406	30	90	23	31308	40	90	23	17	25.25	51408	40	90	36	42
6407	35	100	25	31309	45	100	25	18	27.25	51409	45	100	39	47
6408	40	110	27	31310	50	110	27	19	29.25	51410	50	110	43	52
6409	45	120	29	31311	55	120	29	21	31.50	51411	55	120	48	57
6410	50	130	31	31312	60	130	31	22	33.50	51412	60	130	51	62
6411	55	140	33	31313	65	140	33	23	36.00	51413	65	140	56	68
6412	60	150	35	31314	70	150	35	25	38.00	51414	70	150	60	73
6413	65	160	37	31315	75	160	37	26	40.00	51415	75	160	65	78

注:圆括号中的尺寸系列代号在轴承型号中省略。

参 考 文 献

[1] 中华人民共和国国家标准.机械制图[S].北京:中国标准出版社,2004.
[2] 中华人民共和国国家标准.技术制图[S].北京:中国标准出版社,1999.
[3] 苏红,曹敏,高西林等.画法几何及机械制图[M].西安:西安交通大学出版社,2012.
[4] 何铭新,钱可强.机械制图[M].北京:高等教育出版社,2010.
[5] 叶玉驹,焦永和,张彤.机械制图手册[M].北京:机械工业出版社,2012.
[6] 钱可强.机械制图习题集[M].北京:高等教育出版社,2010.
[7] 马德成.画法几何及机械制图典型题解300例[M].北京:化学工业出版社,2011.
[8] 杜淑幸.机械制图与CAD[M].西安:西安电子科技大学出版社,2010.
[9] 胡建生.工程制图[M].北京:化学工业出版社,2011.
[10] 樊宁,何培英.机械识图速成教程[M].北京:化学工业出版社,2011.
[11] 成大先.机械设计手册:机械制图——精度设计[M].北京:化学工业出版社,2010.
[12] 中国船级社.钢质海船入级规范[M].北京:人民交通出版社,2006.
[13] 魏莉洁.船舶结构与制图[M].北京:人民交通出版社,2011.